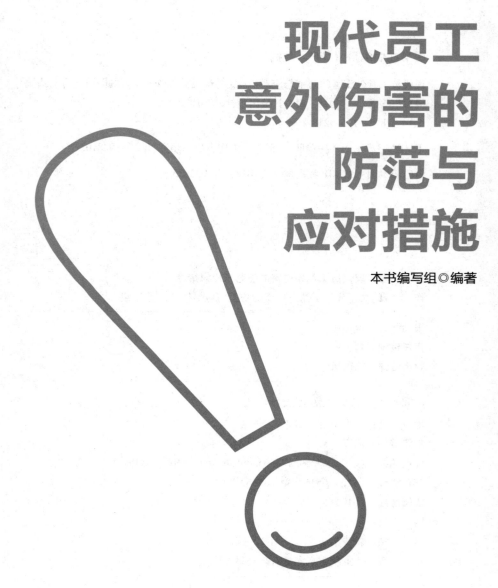

现代员工
意外伤害的
防范与
应对措施

本书编写组◎编著

安全工作　规范应对　全面防范
注重细节　防微杜渐

人民日报出版社

图书在版编目（CIP）数据

现代员工意外伤害的防范与应对措施／《现代员工意外伤害的防范与应对措施》
编写组编著. -- 北京：人民日报出版社，2018.2
ISBN 978-7-5115-5218-1

Ⅰ.①现… Ⅱ.①现… Ⅲ.①企业－工伤事故－预测 Ⅳ.①X928.03

中国版本图书馆 CIP 数据核字（2018）第 002833 号

书　　　名：	现代员工意外伤害的防范与应对措施	
作　　　者：	《现代员工意外伤害的防范与应对措施》编写组	
出 版 人：	董　伟	
责任编辑：	刘天一	
封面设计：	陈国风	

出版发行：人民日报出版社

地　　　址：北京金台西路2号

邮政编码：100733

发行热线：（010）65369527　65369846　65369509　65369510

邮购热线：（010）65369530　65363527

编辑热线：（010）65369844

网　　　址：www.peopledailypress.com

经　　　销　新华书店

印　　　刷　北京德富泰印务有限公司

开　　　本：710mm×1000mm　　1/16

字　　　数：160 千字

印　　　张：12.25

印　　　次：2018 年 5 月第 1 版　　2018 年 5 月第 1 次印刷

书　　　号：ISBN 978-7-5115-5218-1

定　　　价：39.80 元

有一句谚语："明天和意外，你永远不知道哪一个先来。"这句话很残忍地道出了意外的真相：所谓意外，就是你永远不知道会在什么时候、什么地点发生的、有可能带来灭顶之灾的事情。老话也说"天有不测之风云，人有旦夕之祸福"，生活中意外事故无所不在。无从防范的天灾、无端而起的人祸、无法预料的风云突变、难以避开的飞来祸端……意外伤害不仅是我们不得不面对的生命威胁，而且就像"达摩克利斯之剑"一般，让我们时时刻刻都有如履薄冰、如临深渊之感。更可怕的是，很多意外伤害会带来非常严重的后果，造成肢体伤残、甚至夺去生命。

　　虽然意外不能事先预料，但科学、全面的防范措施对于减少意外带来的伤害还是非常有效的。即便天灾人祸突然而至，也能做到有备无患，少一些伤害，多一些逃生的机会。比如地震不可预料，但平日里多做防震防灾的防范工作，在震灾来临地也会有效地减少地震带给我们的伤害。

　　同时，掌握意外伤害发生后的紧急处置和急救方法，在意外伤害发生时及时、科学有效地进行处置，无疑会极大地减轻意外伤害的后果，使伤害降到最低。每一个人都应当有防范意外的警觉性，学习意外伤害预防知识，掌握意外伤害的紧急处置技巧，尽最大可能减少意外事故带给我们的伤害。

　　生命只有一次，安全至高无上。多一些防灾知识，就多一分安全保险；多一些急救技巧，就多一分生存的可能。本书对现代员工生活和工作中可能遇到的意外伤害作了全面、深入的阐述，并对每一种意外事故的防范措施和意外伤害的现场急救方法作了详细介绍，还配有相应的插图，以便更好地帮助广大员工学习和掌握意外伤害防范技巧和急救方法，减轻伤害。希望本书能对广大员工有所裨益。

★ 第一章 意外伤害现场救援常识和处置要点

> 意外伤害往往是无法预料的，因而救援的难度更大，要求更高。不论是受伤者还是救援人员，只有平时多学习，熟练掌握基本救援常识和处置要点，现场急救才能及时、有效。

★ 第二章 岗位工作中意外伤害防范和紧急处理

> 工作中发生意外伤害，也并不少见。特别是一些高危行业，如井下作业、高空作业、电气作业、封闭空间作业、化学作业等岗位，更需要提高防范意识，学习现场急救和处置常识，最大可能地减少伤害，保护生命。

★ 第三章　家庭常见意外伤害的防范和紧急处理

> 家庭是温馨的港湾，幸福的乐园。可一旦发生意外，幸福和温馨都会无情远去。所以，家庭生活更需要时刻防范意外伤害，让温馨和幸福常伴身边。

★ 第四章　交通意外伤害的防范和急救

> 随着现代交通的快速发展，交通意外伤害事故也时有发生。懂得防范措施，掌握安全规则，熟知逃生知识，学会紧急救援技巧，对于防范交通事故、减少交通伤害意义重大。

★ **第五章　公共场所意外伤害的应对和防范**

> 公共场所由于环境复杂、人员众多，安全隐患大大增加，发生意外的可能性也随之增加。因而在公共场所我们更需要提高意外防范意识，掌握必要的意外应对技巧，保护自己不受或少受伤害。

★ 第六章　户外活动的意外伤害防范及应急自救技巧

> 大自然的魅力总是让人无法阻挡，向往蓝天白云、向往自由自在的奔跑、更向往远离喧哗的宁静。但同时野外活动也充满了各种危险，一不小心就会发生意外伤害。因而在户外，意外防护处置和自救互救技巧就尤为重要。

★ 第七章　自然灾害的自救和逃生技巧

> 地震、火山、洪水、飓风、暴雪、高温、雷击、海啸……这些自然灾害危害巨大又防不胜防，常常是严重意外伤害的源头和祸根。多学一些自然灾害中的自救和逃生技巧，就会让我们多一些生机，少一些伤害。

第一章
意外伤害现场救援常识和处置要点

　　意外伤害往往是无法预料的，因而救援的难度更大，要求更高。不论是受伤者还是救援人员，只有平时多学习，熟练掌握基本救援常识和处置要点，现场急救才能及时、有效。

1. 迅速拨打求救电话

不管在任何时候任何地方，出现意外伤害的情况，比如交通事故、意外受伤、突发紧急事态或是突发疾病等，都应当立即在第一时间拨打求救电话。而且一定记得要先拨打官方救援电话。因为这些电话效率最高、反应最快、救援最为专业。所以一旦出现意外务必先打官方求救电话，再打给个人亲朋好友。

目前可用官方求救电话，中国内地有报警110；火警119；救护车120；交通事故122。中国香港有紧急求救电话999；中国澳门有紧急求救电话000。

（1）110报警电话

110报警服务台以维护治安与服务群众并重为宗旨，除负责受理刑事、治安案件外，还接受群众突遇的、个人无力解决的紧急危难求助。因此在以下情况下都可以拨打110。

正在进行的或可能发生的各类刑事案件如：杀人、抢劫、绑架、强奸、伤害、盗窃、贩毒、偷窃等；正在进行的或可能发生的各类治安案件或紧急治安事件如：扰乱商店、市场、车站、体育文化娱乐场所公共秩序、赌博、卖淫嫖娼、吸毒、结伙斗殴；火灾、交通事故；自然灾害和各种意外事故；举报各种犯罪行为及犯罪嫌疑人；需要有人民警察到现场才能处置的事件；人民群众的各种求助；发生微小责任事故时；突遇危难无力解决时；要举报违法犯罪线索时；遇到人身攻击时可以求助。求助110

时，要注意保护现场，实施正当防卫时应避免防卫过当。

（2）119火警电话

119服务台为发生火灾，呼唤消防人员的报警求助电话。电话接通以后，要准确报出所在地址（路名、弄堂名、门牌号）、发生的险情、有没有人被困、有没有发生爆炸或毒气泄漏等。在说不清楚具体地址时，要说出地理位置、周围明显建筑物或道路标志；将自己的姓名、电话或手机号码告诉对方，以便联系。注意听清接警中心提出的问题，以便正确回答；打完电话后，立即派人到交叉路口等候消防车，引导消防车迅速赶到消防现场；如果险情发生了新的变化，要立即告知消防队，以便他们及时调整力量部署。

119还参与包括危险化学品泄漏、水灾、风灾、地震、建筑物倒塌、空难、恐怖袭击等各种救援。

（3）120急救电话

120是全国统一的医疗急救电话号码，免收电话费，投币和磁卡电话无需投币和插卡可直接拨打。是在发生急病和受伤时，需要救护车和急救医生抢救病人和伤员的求助电话，各地城市均已开通。

拨打120在电话中讲清病人所在的详细地址。街道门牌号等。不能因为事情紧急而泣不成声描述不清楚，也不能只交待在某处旁边等模糊的地址，这样会耽误救护车到达时间；说清病人的主要病情。比如诸如昏迷、喘气或有严重的外伤出血，使救护人员能作好救治设施的准备；清楚说明救援者的姓名及电话，一旦救护人员找不到病人时，可与呼救人联系；把就医所需的医保卡、病历、现金等准备好，为抢救争取时间；如为意外灾害性事故，必须说明伤害的性质，如交通事故、塌方、泥石流、火灾、触电、溺水、毒气泄漏等，还必须说明受伤人数、严重程度等情况，以决定派出医护人员数量及专业、急救物资配置等；联系好救护车后，应派人前往住宅门口或交叉路口等候，并引导救护车的出入并疏通搬运病人的过道；若在 20 分钟内救护车仍未出现，可再拨打 120，然后耐心等待，无论什么时候，只要是呼叫了 120 救护，车辆必定会到，所以不必要考虑再找其他车辆运送病人去医院。

选择去哪个医院有两个准则。一是就近，二是考虑医院的特色。但一般来讲，就近是比较好的选择，因为这样可以为病人治疗争取更多的时间，尤其是对于病情严重的病人来说，时间就是生命。

（4）122 交通报警电话

122 报警服务台是我国公安交通管理机关为受理群众交通事故报警电话，指挥调度警员处理各种报警、求助、同时受理群众对交通管理和交通民警执法问题的举报、投诉、查询等而设的部门。该部门是公安交通管理机关指挥中心的主要组成部分。实行 24 小时值班。群众只要用电话拨打"122"即可免费接通 122 台电话。如果事故比较小，双方可以自行调解的，则可以不打 122 报警电话。

除了以上电话外，12395 也是求救电话。12395 是全国统一水上遇险求救电话。在海上，船舶一旦发生碰撞、触礁、搁浅、漂流、失火等海难事故或遇人员落水、突发疾病需要救助，就可拨打 12395 向海上搜救中心报警。"12395"音译为：要岸上救我，以便于在应急情况下唤醒记忆。

根据国家有关部门规定，使用 110、119、120、122 四种全国通用的电话报警求助均不收费。为了方便群众报警，全国所有公用电话亭电话都标有以上电话不收费的标牌，即不用 IC 卡或磁卡均可拨打以上四种电话。用手提电话也可免费直接拨通报警电话，没有电话卡，手机也能拨打 110，119，120 等报警电话。

在拨打所有的求救电话的时候要掌握一个要点，那就是快。任何需要帮助和求助的情况下，都要在第一时间通知被求助的单位，以便自己尽快得到帮助。

2. 塌方埋压现场救援原则

塌方，是指建筑物、山体、路面、矿井在自然非人为的情况下，出现塌陷下坠的自然现象。多数因地层结构不良，雨水冲刷或修筑上的缺陷而导致塌方。发生塌方后，急救的原则是首先救出遇险者。在塌方的救援过程中，常常会"再次塌方"伤及救援人员，塌方埋压现场急救的关键在于掌握正确的急救方法。

（1）现场救援的原则

①观察现场情况，在确保安全的情况下，遵守"先脱险再救人"的原则。

②接受伤员的同时，对清醒的伤员表明身份，以安慰伤员做好被救援的准备，同时对伤员说明将要采取的救援措施，以得到伤员的配合。

③当有受伤严重的病人时，一定要避免盲目移动，要先确认伤员受伤情况后再移动，避免再次伤害。

④未经专业的医生指导，不要给伤病员任何饮食或药物。

⑤救助的同时及时报告有关部门，寻求援助。

现场救援根据伤者的情况不同，也要采取不同的方法，要以不给伤者第二次伤害、又能尽快救出伤者为原则。

（2）被埋者的急救方法

塌方时因为来势猛，来不及逃脱导致被全身被埋的情况很多。如不及时正确救助，有可能造成受伤者死亡。这种情况的救援要快、稳和防止误伤。当了解清楚被埋人的位置后，在接近伤者时，为了防止抢救工具挖掘时的误伤，应尽量用手刨挖。在挖掘伤员的过程中，同时要注意附近的房屋、断墙、山体等情况，防止挖掘时再次倒塌。救出伤员后，要根据伤员受伤的情况来决定移动方法，挖掘过程中严禁拖拉伤员，以防加重病情。

3. 溺水救援要点

溺水是常见的意外事故，溺水能导致窒息、通气障碍、严重缺氧、呼吸衰竭，甚至呼吸、心跳停止。所以一旦发现有溺水者，要刻不容缓地进行救援。

（1）一般溺水救援要点

看到有人溺水，首先大声呼救，提醒四周的人注意有人溺水，这样可以增加救援人力。同时紧急拨打110，让专业的救生人员到现场救援。

随后，马上观察眼前的情况，如果溺水者离岸不远且仍在挣扎，在岸边的人应迅速用雨伞、鱼竿、竹竿等伸到溺水者前面，这时救援者应该蹲低，放低重心站稳，避免溺水者力量过大，反而将救援者拉下水。

假如身边有绳子或者救生圈，要先将绳子绕圈收整齐，再抛到溺水者下游处，让溺水者看到绳子或者救生圈后可以顺利抓住。绳子没收整齐的话，比较不容易抛，也可能绊倒救援者。抛的时候如果抛在溺水者前面或者上游处，因为人体中漂流较快，会让溺水者和绳子距离更远。但是若是静水，就可以直接抛在溺水者面前。有条件的可以划船或驾船前往搭救，以免救人者体力不支反危及自己性命。

（2）下水救援

由于溺水情况复杂多样，除非专业救援者，否则，一般不建议直接下水救人。

如果溺水者离岸比较远，必须下水施救，而且救援者有能力下水救援，也要先做好足够的准备工作。下水前应准备一块结实足够长的长条布或毛巾或者救生圈。

一旦下水，尽量从溺水者后面接近，不要让溺水者缠上身，正面接触，有可能会被溺水者牢牢抱住而无法伸展身体，这样反而会危及自己的生命。如在游向溺水者时，与溺水者正面相遇，必须立刻采用仰泳迅速后退，避开溺水者。在溺水者抓不到自己的位置，将事先准备的毛巾、救生圈或者其他东西递过去，让溺水者抓住一头，自己抓住另一头，将溺水者拖上岸。在游向溺水者的同时，应大声告诉溺水者，有人正在向人施救，这样既可稳定溺水者的情绪，也可以让溺水者产生信心，减少慌乱。拖溺水者上岸时，最好采用仰泳的姿势。若溺水者不省人事，可用手抓住溺水者的下巴，游回岸边。

在下水救援过程中，如果溺水者还能维持呼吸，施救者只要从溺水者的后面拖着他的头颈，尽量保持脸露出水面，游回岸边就可以了，但如果在水中已经发现溺水者有停止呼吸的迹象，即使在水中也要采取人工呼吸抢救的方法来挽救生命。在水中人工呼吸救治后，上岸迅速拨打120急救电话求救，并继续急救。

（3）上岸后的急救措施

将伤员抬出水面后，用纱布（手帕）裹着手指将伤员舌头拉出口外，同时要检查其身上是否有阻塞物。由于淹没在水中，溺水者的呼吸道往往会被水、泥沙等杂物阻塞，上岸后第一时间检查一下溺水者的口腔、鼻腔、耳部、面部是否有污垢堵塞并快速清除，如果有义齿等物品也要及时去掉。然后检查身体是否有被碰撞的部位及情况，再将溺水者的衣扣解开，尤其是领口，保持溺水者呼吸道畅通；最后将溺水者从腰腹部抱起，保持其背朝上，头朝下的姿势，拍打或者快步奔跑，使体内积水倒出；如果施救者力量不够，也可以采用将溺水者的腹部放置腿上，使其头部下垂，并用手平压背部进行倒水的方法。如果溺水者身上穿着外套，要尽早脱下，湿外套会带走身体热能，造成低温伤害。

第二章

岗位工作中意外伤害防范和紧急处理

工作中发生意外伤害，也并不少见。特别是一些高危行业，如井下作业、高空作业、电气作业、封闭空间作业、化学作业等岗位，更需要提高防范意识，学习现场急救和处置常识，最大可能地减少伤害，保护生命。

1. 工厂机械伤害的紧急处置和意外防范

　　机械伤害主要指机械设备运动（静止）部件、工具、加工件直接与人体接触引起的夹击、碰撞、剪切、卷入、绞、碾、割、刺等形式的伤害。各类转动机械的外露传动部分（如齿轮、轴、履带等）和往复运动部分都有可能对人体造成机械伤害。机械伤害是生产过程中最常见的伤害之一。易造成机械伤害的机械、设备包括：运输机械，掘进机械，装载机械，钻探机械，破碎设备，通风、排水设备，选矿设备，其他转动及传动设备。减少机械伤害的最主要途径是加强对意外伤害的防范。从事机械加工工作的员工，更要提高警惕。

　　机械意外伤害的防范措施主要从以下方面做起。

　　①投入使用的机械设备必须完好，安全防护措施齐全，大型设备有生产许可证、出厂合格证。各机械开关布局必须合理，必须符合便于操作者紧急停车和避免误开动其他设备的两条标准。

　　②作业人员经过培训，能掌握该设备性能的基础知识，经考试合格后，持证上岗。上岗作业中，必须精心操作，严格执行有关规章制度，特种作业人员持特种作业证上岗。作业人员必须佩戴好劳动保护用品，严格按说明书及安全操作规程进行操作。严禁无关人员进入危险因素大的机械作业现场，非本机械作业人员必须进入的，要先与当班机械作者取得联系，确保有安全措施才可同意进入。机械设备在运转时，严禁用手调整；不得用手测量零件或进行润滑、清扫杂物等，操作者不得离开工作岗位。

③对机械设备的维护、保养、必须在停机状态下进行。机械检修时必须严格执行断电后挂禁止合闸警示牌和设专人监护的制度。机械断电后，必须确认其惯性运转已彻底消除后才可进行工作。机械检修完毕，试运转前，先对现场进行细致检查，确认机械部位人员全部彻底撤离才可取牌合闸。检修试车时，严禁有人留在设备内进行点车。对机械进行清理积料、捅卡料、上皮带腊等作业时，应遵守停机断电挂警示牌制度。供电的导线必须正确安装，不得有任何破损和漏电的地方；电机绝缘应良好，其接线板应有盖板防护；开关、按钮等应完好无损，其带电部分不得裸露在外。

④凡是人手直接频繁接触的机械，必须有完好的紧急制动装置，其制动钮位置必须使操作者在机械作业活动范围内随时可触及到；机械设备各传动部位必须有可靠防护装置；各入孔、投料口、螺旋输送机等部位必须有盖板、护栏和警示牌；作业环境要保持整洁卫生。

如果已经发生机械伤害事故，必须立即进行急救处理。发现有人受伤后，必须立即停止运转的机械，向周围人员呼救，同时通知车间领导，以及拨打"120"等急救电话。报警时，应注意说明受伤者的受伤部位和受伤情况，发生事件的区域或场所，以便让救护人员事先做好急救的准备；车间在组织进行应急抢救的同时，应立即上报安全管理部门，启动应急预案和现场处置方案，最大限度地减少人员伤害和财产损失。现场急救最少要有两人。

2. 脚手架等高处坠落预防

高处坠落，是建筑业内"三大伤害"之一。发生率最高、危险性极大，也是施工现场经常发生的意外事故，需高度警惕。

高处作业坠落事故可分为临边作业高处坠落事故、洞口作业高处坠落事故、攀登作业高处坠落事故、悬空作业高处坠落事故、操作平台作业高处坠落事故、交叉作业高处坠落事故等。

（1）高处坠落预防措施

①工程开工前应由技术负责人组织编制、审核《施工组织设计》《安全文明施工组织设计》等管理方案，必要时还应编制高处施工专项控制措施，并获得上级部门的批准。作业前，技术人员应依照批准的方案，向作业人员进行书面安全技术交底，让作业人员了解可能会产生危害的因素，施工后的预控措施，管理目标要求后再上岗作业。作业前施工人员应认真检查设备、防护器材的完好性，在做好自身检查后，还应做到互相检查；对违反操作规程、安全防护设施不全，不符合要求时，操作人员有权拒绝作业，并上报安全员或相关人员。

②要加强对工人操作技术和安全知识教育，把好对新工人的"三级"安全教育和工人的常规安全教育关。很多工人忽视防护用品的作用，也有些工人因为嫌穿戴防护用品麻烦而省去穿戴防护用品。安全帽、安全带和工作鞋都是有利于安全工作的重要物件，工作必须按要求佩戴。有统计表明，工人登高悬空作业坠落的事故占事故总数的20.9%，而这些事故大多

是因为工人没有使用安全带或者安全带没系牢固造成的。工人进入工地必须扣好安全帽帽扣，架子工、木工、电焊工等工种在高处危险部位作业时必须正确使用安全带，禁止穿高跟鞋和带钉易滑的鞋登上高处作业。进入现场施工所有人员必须遵守有关规章制度，严禁带病作业和酒后作业。作业时，严禁在脚手架、平台上和临边危险处嬉闹。夜间施工，照明光线如果不足，不得从事悬空作业，六级以上的大风及雷暴雨天气，禁止在露天进行高空作业。

③加强安全检查和技术指导，及时发现和消除事故隐患。坠落事故中由于管理人员违章指挥、工作违章作业造成的安全事故都是因为施工现场缺乏安全检查，未及时消除安全隐患导致的。安全管理是动态管理，施工现场必须要由专人负责，时刻进行安全检查，发现问题及时处理。

④做好必要的坠落防范工作。要搞好"四口""五临边"的安全防护。"四口"是指楼梯口、电梯口、预留洞口、通道口；"五临边"是指沟、坑、槽和深基础周边，楼层周边，楼梯侧边，平台或阳台边，屋面周边。楼梯口必须设双栏杆，预留洞口必须设盖板和围栏；电梯井必须设防护栅栏和水平封闭；人员进出通道口必须设双层防护棚；屋檐边必须设外脚手防护，楼板边无外脚手架必须设水平网，墙角边防护必须形成180度，阳台边必须设防护栏杆和安全网。井字架提升机、塔吊进出口通道边和卸料平台边必须设双层防护栏杆，并采取封闭措施。

高处作业点的下方必须设安全网，无外架防护施工时，必须在高度4~5米处设一层固定安全网，每隔四层楼再设一道固定安全网，并同时设一层随墙体逐层上升的安全网。外架、桥式架、插口架的操作层外侧，必须设置小孔安全网，防止人、物坠落造成事故。

凡脚手板伸出小横杆以外大于20厘米的称为探头板。由于在端头铺设脚手板时大多不与脚手架绑扎牢固，工人在施工过程中若遇探头板就有可能造成高处坠落事故，所以脚手板铺设时必须严禁探头板出现。当操作层不需沿脚手架长度铺满脚手板时，可以采取搭设防护栏杆的方法，探头板封闭在作业面以外。

脚手架的外侧应按规定安装安全网，安全网应安装在外排立杆的里面。安全网必须用符合要求的系绳将网周边每隔 45 厘米系牢在脚手架上。安全网作防护层必须封挂严密牢靠，安全网用于立网防护，水平防护时必须采用平网，不准用立网代替平网。

⑤加强对登高作业人员健康状况的检查与核实，对于年龄偏大和不符合登高作业的人员，要严格管理，坚决不能因为赶工期或者缺人手而盲目上岗，同时对登高人员要定期体检，对患有严重的高血压、心脏病、癫痫病和登高恐惧症的人员，年龄偏大，体质又较差，从事特种作业但未经劳动部门培训的无证人员，不准从事高处作业。凡从事高处作业人员应接受高处作业安全知识的教育；特殊高处作业人员，应接受专门的安全培训，持证上岗。

（2）高处坠落伤害的急救处理措施

高处作业发生坠落事故的可能随时存在，当施工现场发生人员从高处坠落事故时，现场抢救不可盲目，抢救人员实施伤员急救时，应先观察坠落线路，弄清事故发生原因，再立即进行抢救，抢救时应避免伤者的二次伤害。

高处坠落一般都比较严重，坠落伤病人常合并多个脏器损伤，在抢救治过程中，强调先救命的原则，决不能做过多过细的检查和测量而延误最佳的抢救时机。抢救人员应首先观察伤员神志是否清醒，面色、呼吸、血压、脉搏、体位、出血、有无小便失禁、血迹、呕吐物污染情况，迅速判断病情的危重程度。

3. 工作中物体打击伤害的防范

物体打击伤害，也是常见工作中的意外伤害之一，特别是在建筑行业，这种事故更为常见，要高度注意。其他工作中也时有出现，如高空抛物、高空坠物等，都有可能会导致打击事故发生。

物体打击事故，指由失控物体的惯性造成的人身伤害事故。物体打击会对人员的安全造成威胁，容易砸伤身体，甚至出现生命危险。

常见物体打击事故主要有以下几种：在高空作业中，由于工具零件、砖瓦、木块等物从高处掉落伤人；人为乱扔废物、杂物伤人；起重吊装、拆装、拆模时，物料掉落伤人；设备带"病"运行，设备中物体飞出伤人；设备运砖中，违章操作，用铁棍捅卡料，铁棍弹出伤人；压力容器爆炸的飞出物伤人；放炮作业中乱石伤人等。

防范物体打击事故主要从施工现场的安全管理与危险作业的安全管理和施工人员的安全教育与管理几方面入手。

（1）严格做好施工现场的安全管理

施工人员必须认真贯彻有关安全规程，克服麻痹思想，牢固树立不伤害他人和自我保护的安全意识。使用设备的操作人员，必须熟知设备特性、掌握操作要领，经过培训考试合格，持证上岗。

施工人员进入施工现场必须按规定配戴安全帽。出入和上下必须按规定行走安全通道，在不安全的通道上悬挂禁止通告的警示牌，安全通道上方应搭设双层防护棚，防护棚使用的材料要能防止高空坠落物穿透。

作业过程一般常用工具必须放在工具袋内,物料传递应按规定运送,严禁向下或向上抛、扔。任何物料都不能放在临边或者洞口附近,更不能妨碍通行,边长小于或等于250毫米的预留洞口必须用坚实的盖板封闭,用砂浆固定。

高空垂直运输器械或安装起重设备时,要先检查零部件是否安置妥当,以防零部件落下造成打击事故,吊运一切物料都必须由持有司索工上岗证人员进行绑码,砖块等散料应用吊篮装置好后才能吊运。

拆除或者拆卸作业时,要设置警戒线,拆卸下的物料、建筑垃圾要及时清理和运走,从拆除和拆卸开始到结束,必须要有专人监护。

（2）加强危险作业的安全管理

作业前先确定危险部位和过程,指定专人进行安全监控。重点监控那些危险性大的如悬空作业、起重机安装和拆除、脚手架整体式提升等施工项目,并进行连续监控。

脚手架应按施工设计方案规定的要求进行搭设。各种脚手架搭设到一定的安全高度时,按安全施工规定的要求,由有关部门或人员分步进行检查、验收,合格后方可投入使用,使用中要指定专人负责维护。起重吊装作业严格按照操作规程进行;被起吊的重物下面和起重机桅杆下面严禁站人。

物体打击事故轻则受伤,重则导致人员死亡。所以应提高管理人员和施工人员的安全意识,加强安全操作知识的教育,防止因错误指挥和操作失误而造成的各种伤害事故。安全教育对象包括管理者在指挥方法上的知识学习,新员工操作知识上的学习以及老员工坏习惯的纠正学习。

施工现场要配备持有上岗证的安全员来负责施工安全的工作。对某些特种作业人员的上岗资格要考虑到行业规定,如电工、安全员,塔吊、施工升降机的装拆工,整体式提升脚手架操作人员等都应经过专业的培训考核,持证上岗,一般施工人员也应经过岗位技能培训,合格后上岗。

施工作业人员操作前，应由项目施工负责人对施工人员分不同工种、不同的施工对象，或是分阶段、分部、分项、分工种进行安全技术交底，让施工人员清楚明白操作技术与操作规范。

（3）发生物体打击伤害后的紧急处理方法

当发生物体打击事故后，抢救的重点应放在对休克、骨折和外伤出血上进行处理。

首先，观察伤者的受伤情况、部位、伤害程度。

其次，根据伤害情况做紧急处理。对外伤出血的伤者，可以根据出血和受创情况作出处理。

无论抢救条件如何，在就地抢救的同时，都要立即拨打120电话求救，并准备好车辆随时运送伤员到就近的医院救治。拨打电话时要简明地说清楚伤员的伤情和处理情况，以及伤员目前的状况，同时说清楚所处的位置，以便于救护车及时到达实施抢救。

4. 意外爆炸事故的预防

在生产活动中，由于不认识物质的危险特性或违反了正常生产操作，而意外地发生了突发性大量能量的释放，这种由于人为、环境或管理上的原因而发生的和造成财产损失、物破坏或人身伤亡，并伴有强烈的冲击波、高温高压和地震效应的事故称为爆炸事故。

常见的爆炸有：军工厂的爆炸、锅炉爆炸、高压锅、烟花爆竹工厂的爆炸、氢气球爆炸、核泄漏造成的爆炸、化工厂、军工厂、弹药库的爆炸、煤气泄漏引爆事故，包括罐装煤气和管道煤气以及战争中人为的爆炸。

日常工作和生活中的爆炸事故都是意外的、突发的、猝不及防的，对人体造成的伤害是极其严重，根据爆炸的性质不同，造成的伤害形式多样，严重的多发伤占较大的比例。

重大爆炸事故带来的伤害主要有四种，一是大火导致的烧伤和烫伤；二是强大的冲击波带来的震爆伤；三是外伤出血；四是化学物品带来的伤害。一旦受伤，务必及时处理，尽可能减少更大伤害。

（1）爆炸伤者的处理原则

一旦发生爆炸，要立立即向 110、120、119 等报警电话呼救，并同时组织幸存者自救互救。爆炸事故要求刑事侦查、医疗急救、消防等部门的协同救援，在这些人员到来之前保护现场，维持秩序，初步急救。

对受伤人员要采取初步的急救处理。检查伤员受伤情况，先救命、后治伤，迅速设法清除气管内的尘土、沙石，防止发生窒息。

（2）震爆伤害的类型

由爆炸时带来的冲击波造成的震爆伤可能造成以下几个方面的伤害。

爆烧伤：实质上是烧伤和冲击伤的复合伤，发生在距爆炸中心 1 ~ 2 米范围内，由爆炸时产生的高温气体和火焰造成。严重程度取决于烧伤的程度。

爆碎伤：爆炸物爆炸后直接作用于人体或由于人体靠近爆炸中心，造成人体组织破裂、内脏破裂、肢体破裂、血肉横飞，失去完整形态。还有一些是由于爆炸物穿透体腔，形成穿通伤，导致大出血、骨折。

爆震伤：又称为冲击伤，距爆炸中心 0.5 ~ 1.0 米以外受伤，是爆炸伤害中最为严重的一种损伤。受伤原理是因为爆炸物在爆炸的瞬间产生高速高压，形成冲击波，作用于人体生成冲击伤。冲击波比正常大气压大若干倍，作用人体造成全身多个器官损伤，同时又因高速气流形成的动压，使人跌倒受伤，甚至肢体断离。

同时，爆炸会产生大量的有害气体，还会带来有害气体中毒受伤的情况。常见的有害气体为：一氧化碳、二氧化碳、氮氧化合物。由于某些有害气体对眼、呼吸道强烈的刺激，爆炸后眼、呼吸道有异常感觉。

（3）防范工作中爆炸事故的措施

工作中也常会发生意外爆炸的情况，如化学物品意外爆炸、压力容器失控爆炸等。要注意做好防范工作，尽可能杜绝压力伤害。

①压力容器的爆炸预防

无论是办公区、生活区还是施工区的各种压力容器，都要严格按照规定到有生产资质的厂家购置，安装时必须由专业人员安装、调试。禁止使用任何一种自制的压力容器。

压力为一个表压以上的各种锅炉的设计、制造、安装、使用、检验、维修、改造都必须按国家锅炉压力容器安全监察暂行条例执行，任何个人或单位不得擅自改装和制造。

使用合格厂家生产的锅炉时，必须随时检查安全阀灵敏度是否有效，保证超过规定值时，能自动开启排汽、泄压，以防锅炉超压发生爆炸，保持压力表盘面清洁以便随时根据压力表指示数值，调节锅炉压力的升降，以确保锅炉在允许的工作压力下安全运行。如果盘面玻璃破损、失灵要立即更换。使用时还要检查排气管的出口是否畅通，严防堵塞，更不能带病运转。

锅炉停放时要做好锅炉及管道的保温防冻工作，以防止管道冻结或水管冻裂。非工作人员不得随意进入锅炉房，工作人员上下班要严格按交接班制度进行交接，禁止违章操作。

②移动式压力容器的爆炸预防

移动式压力容器包括铁路罐车（介质为液化气体、低温液体）、罐式汽车、液化气体运输（半挂）车、低温液体运输（半挂）车、永久气体运输（半挂）车、罐式集装箱（介质为液化气体、低温液体）及其他生活或小型加工所用的压力容器等。移动式压力容器使用时不仅承受内压或外压载荷，搬运过程中还会受到由于内部介质晃动引起的冲击力，以及运输过程带来的外部撞击和振动载荷，因而在使用时更是要注重安全，防止爆炸事故发生。

使用气瓶一般应立放，如果是乙炔则严禁卧放作业。使用过程中严禁接近热源，与明火距离不得低于十米。使用前按照使用方法正确连接高压器，并检查所有连接物，确认没有漏气，并清理开瓶阀口后连接使用。

无论是哪一种气瓶，只要没有停止作业，就要确保瓶体字样清晰和瓶体清洁，以便区别于所盛装的物质，防止与其他物质混装后发生混合气体爆炸。

作业过程中，开瓶和关阀门时都要谨慎小心，开阀不能过猛，以防止气速过高。关阀要严而不紧，避免造成开阀困难。搬运气瓶时严禁用电磁起重机，操作人员要严格按有关安全技术操作规程操作，作业人员严禁穿着化纤服装，上岗人员必须持有特种作业操作证上岗操作，其他人员禁止动用。

短距离移动气瓶，最好用专用车，人工搬运时严禁拖拽，滚动气瓶，保证轻装轻卸，高温季节或场所瓶体温度不得超过40度，并采取遮阳降温措施，防止暴晒、雨淋、水浸。

气瓶使用前认真检查，发现瓶体有损坏或钢印不清，瓶体颜色不清，气体质量与标准规定不符等现象，应拒绝使用并妥善处理。

对储存管理人员，操作人员，消防保卫人员进行针对性的技术培训，使凡是上岗的员工都具备防火防爆专业知识。气瓶管理上要空瓶分开存放，实瓶立放，所装介质能起化学反应的异种气体气瓶分室储存，氧气瓶与氢气瓶，液化石油气瓶，乙炔瓶与氧气瓶，氯气瓶应分开存放，严禁同室存储。

强化用电安全，防止因电线短路、绝缘破损、超负荷用电而引起爆炸事故；加工车间要做好排风除尘工作，防止粉尘浓度超标引起爆炸；做好防雷工作，尤其是雨季，防止雷击引起爆炸。加强对油漆、稀释剂及各种油料及化学物品的管理，防止发生起火爆炸事故。

③一般生产爆炸事故的预防措施

一是采取监测措施，当发现空气中的可燃气体、蒸汽或粉尘浓度达到危险值时，就应采取适当的安全防护措施。

二是在有火灾、爆炸危险的车间内，应尽量避免焊接作业，进行焊接作业的地点必须要和易燃易爆的生产设备保持一定的安全距离。

三是如需对生产、盛装易燃物料的设备和管道进行动火作业时，应严格执行隔绝、置换、清洗、动火分析等有关规定，确保动火作业的安全。

四是在有火灾、爆炸危险的场合，汽车、拖拉机的排气管上要安火星熄火器；为防止烟囱飞火，炉膛内要燃烧充分，烟囱要有足够的高度。

五是搬挪运输盛有可燃气体或易燃液体的容器、气瓶时要轻拿轻放，严禁抛掷、防止相互撞击；严格按照交通运输安全规定进行危险品的装载与运输，严防疲劳驾驶。

六是进入易燃易爆车间应穿防静电的工作服、不准穿带钉子的鞋。

七是对于物质本身具有自燃能力的油脂、遇空气能自燃的物质以及遇水能燃烧爆炸的物质，应采取隔绝空气、防水、防潮或采取通风、散热、降温等措施，以防止物质自燃和爆炸。

④生活中的爆炸事故的预防措施

生活中主要是对一些易爆物品加强管理，如厨房要保证液化气使用的安全，在平时就要养成良好的生活习惯，不用液化气时要把阀门关上，还要定期检查管道、软管等是否漏气，平时还要注意保持室内通风。如果闻到家中有异味，要警惕，马上检查家用液化。因为家用石油气中掺有臭剂，漏出时会有异味。液化石油气外泄，会在空气中形成雾状白烟，已现白烟要立即关上阀门，并打开门窗。如果漏气，在灶间会听到"嘶嘶"的声音，手接近泄漏处，会有凉凉的感觉。家中一旦发生液化气泄漏，要立即关闭液化石油气开关。千万不可开启或关闭任何电器开关。轻轻打开所有门窗并迅速逃到户外，然后立即报警。

除了液化气，手机电池、家用电器也有爆炸的危险。平时也要小心使用。在日常使用时应避免将锂电池的正极和负极用金属物接触，如果需要单独存放，应使用安全可靠并且绝缘能力出色的电池盒。避免在环境温度过高，如夏季暴晒并且封闭的车厢内部、烤箱等高热源附近。锂电池需要经常使用才能使其达到最佳的寿命，当需要长期放置时，应将其充至指定电量并存放于相应温度的环境中（可自行搜索）。如充电器已经显示为充满状态（有些充电器会继续充电）时，应及时拿下电池，避免长期放置在通电状态下的充电器中。当电池损坏或电量下降明显时，应送至指定的回收站进行回收，不可随意丢弃。在使用过程中应避免剧烈的冲击，以防止电池破裂。

　　家用电器使用前要仔细阅读使用说明书，了解家用电器适用范围，正确使用。连续使用时间不宜过长。时间越长，其工作温度越高，发生爆炸的可能越高，高温季节尤其不宜长时间使用。同时家用电器旋转的位置也很重要，应当选择保证良好通风的位置。不要使电器受潮，尤其在梅雨季节，要每隔一段时间使用几小时，用其自身发出的热量来驱散机内的潮气。当然更不能使液体进入电器内，以免发生危险。另外有室外天线或共用天线的避雷器要有良好的接地。雷雨天尽量不要用室外天线。电器使用后勿忘切断电源。

5. 意外触电紧急处理与伤害预防

对于电工来说，意外触电是最需要重视的伤害事故。触电对人体的危害，主要是因电流通过人体一定路径引起的。电流通过头部会使人昏迷，电流通过脊髓会使人截瘫，电流通过中枢神经会引起中枢神经系统严重失调而导致死亡。因而一定要做好预防，尽量避免触电事故发生。一旦发生事故，急救应迅速、就地且准确。

（1）触电紧急处理方法

一是迅速脱离电源。发生触电后，应立即使触电者脱离电源，最妥善的方法是立即将电源电闸拉开，切断电源，确保伤者脱离接触电缆、电线或带电的物体。如电源开关离现场太远或仓促间找不到电源开关，则应用干燥的木器、竹竿、扁担、橡胶制品、塑料制品等不导电物品将病人与电线或电器分开，或用木制长柄的刀斧砍断带电电线。分开了的电器仍处于带电状态，不可接触。救助者切勿以手直接推拉、接触或以金属器具接触病人，以保自身安全。如遇高压触电事故，应立即通知有关部门停电。要因地制宜，灵活运用各种方法，快速切断电源。

二是及时抢救。触电者脱离电源后必须立即就地实施抢救，万万不能停止救治而长途送往医院治疗。触电严重者应边送往医院边进行急救且不能停止，一直到交给医生。就地抢救，主要采用人工呼吸或胸外心脏按压法。因此，必须在电气工作人员中普及急救方法，人人都会进行，这样才能实施就地抢救。

切断电源后，根据触电者目前的情况，进行抢救。如果切断电源现场仍有安全威胁时，才能把触电者抬到安全地方进行抢救，但不能等把触电者长途送往医院进行再抢救。

如果触电者同时有外伤，应先抢救生命再进行外伤处理。

在等待医疗援助期间，在电进入和穿出的伤口处涂少量的抗菌或烧伤药膏，以防止创面污染。

平常要学习掌握急救措施及其操作技术，并进行模拟性的训练，达到熟练程度，只有这样才能在紧急关头救活触电者，否则将束手无策。

（2）触电预防措施

要避免发生触电伤害，最好的方法当然是预防。电工在工作中的触电事故伤害预防措施主要有以下几点。

①彻底绝缘

绝缘是用绝缘材料把带电体隔离起来，实现带电体之间、带电体与其他物体之间的电气隔离，使设备能长期安全、正常地工作，同时可以防止人体触及带电部分，避免发生触电事故。良好的绝缘是设备和线路正常运行的必要条件，也是防止触电事故的重要措施。绝缘材料经过一段时间的使用会发生绝缘破坏。绝缘材料除因在强电场作用下被击穿而破坏外，自然老化、电化学击穿、机械损伤、潮湿、腐蚀、热老化等也会降低其绝缘性能或导致绝缘破坏。所以绝缘要定期检查，保证电气绝缘的安全性。在电气设备操作中，操作者必须戴绝缘手套、穿绝缘鞋（靴），或站在绝缘垫（台）上工作，这些都是电气作业中安全措施，来不得半点马虎。

常用的绝缘安全用具有绝缘手套、绝缘靴、绝缘鞋、绝缘垫和绝缘台等。绝缘安全用具可分为基本安全用具和辅助安全用具。基本安全用具的绝缘强度能长时间承受电气设备的工作电压，使用时，可直接接触电气设备的有电部分。辅助安全用具的绝缘强度不足以承受电气设备的工作电压，只能加强基本安全用具的辅助作用，必须与基本安全用具一起使用。

在低压带电设备上工作时，绝缘手套、绝缘鞋（靴）、绝缘垫可作为基本安全用具使用，在高压情况下，只能用作辅助安全用具。

任何电气操作时，员工都要确保绝缘到位才能进行作业。

②屏护

屏护是指采用遮栏、围栏、护罩、护盖或隔离板等把带电体同外界隔绝开来，以防止人体触及或接近带电体所采取的一种安全技术措施。除防止触电的作用外，有的屏护装置还能起到防止电弧伤人、防止弧光短路或便利检修工作等作用。

开关电器的可动部分一般不能加包绝缘，而需要屏护。其中防护式开关电器本身带有屏护装置，如胶盖闸刀开关的胶盖、铁壳开关的铁壳等，开启式石板闸刀开关需要另加屏护装置。起重机滑触线以及其他裸露的导线也需另加屏护装置。由于高压设备全部加绝缘保护往往有困难，而且当人体还没有完全接近高压设备时就有可能发生事故，所以不论高压设备是否已加绝缘保护，都要采取屏护或其他防止接近的措施。凡安装在室外地面上的变压器以及安装在车间或公共场所的变配电装置，都需要设置遮栏或栅栏作为屏护。

使用屏护装置时，屏护装置应与带电体之间保持足够的安全距离；被屏护的带电部分应有明显标志，标明规定的符号或涂上规定的颜色；遮栏、栅栏等屏护装置上应有明显的标志，如根据被屏护对象挂上"止步，高压危险！""禁止攀登，高压危险！"等标示牌。遮栏出入口的门上应根据需要装锁，或采用信号装置、联锁装置。

③漏电保护器

漏电保护器，简称漏电开关，又叫漏电断路器，主要是用来在设备发生漏电故障时以及对有致命危险的人身触电保护，具有过载和短路保护功能，可用来保护线路或电动机的过载和短路，亦可在正常情况下作为线路的不频繁转换启动之用。漏电保护器可以在规定条件下电路中漏（触）电流（毫安）值达到或超过其规定值时能自动断开电路或发出报警的装置。漏电是指电器绝缘损坏或其他原因造成导电部分碰壳时，如果电器的金属外壳是接地的，那么电就由电器的金属外壳经大地构成通路，从而形成电流，即漏电电流，也叫做接地电流。当漏电电流超过允许值时，漏电保护器能够自动切断电源或报警，以保证人身安全。漏电保护器动作灵敏，切断电源时间短，因此作业现场都应安装漏电保护器，它除了能保护人身安全以外，还有防止电气设备损坏及预防火灾的作用。漏电保护器的安装、检查等应由专业电工负责进行。

④接零与接地

任何一个工厂里，都会使用很多的电气设备，有的甚至完全靠电气设备工作。为了防止触电事故，通常采用绝缘、隔离等技术措施以保障用电安全。但工人在生产过程中经常接触的并不是带电的有机体，而是不带电的机器外壳或与其连接的金属体。如果这些设备漏电，这些平时不带电的外壳就带电，并与大地之间存在电压，就会使操作人员触电，造成很严重的事故。为了防止这类事故发生，采取的主要手段就是对电气设备的外壳进行保护接地或保护接零。

保护接零是指将电气设备在正常情况下不带电的金属外壳与变压器中性点引出的工作零线或保护零线相连接的方式。当某相带电部分碰触电气设备的金属外壳时，通过设备外壳形成该相线对零线的单相短路回路，该短路电流较大，足以保证在最短的时间内使熔丝熔断、保护装置或自动开关跳闸，从而切断电流，保障了人身安全。

保护接地是指将电气设备平时不带电的金属外壳用专门设置的接地装置实行良好的金属性连接。保护接地的作用是当设备金属外壳意外带电时，将其对地电压限制在规定的安全范围内，消除或减小触电的危险。

（3）人为因素管理

建立、健全有关用电安全的规章制度，定期组织对员工、尤其是新员工的用电知识培训，明确违章操作的危险性；确保每次上岗都能安全。在作业过程中，不使用和不安装不符合国家安全规范要求的不合格电器；对电器进行定期检查、保养和维护，发现安全隐患问题及时整改；发生触电事故后，总结事故教训，认真学习，避免事故再次发生。

6. 电焊伤害的紧急处理与预防

电焊，是焊条电弧的俗称。利用焊条通过电弧高温融化金属部件需要连接的地方而实现的一种焊接操作。电焊的基本工作原理是通过常用220伏电压或者380伏的工业用电，借助电焊机里的变压器降低电压，增强电流，并使电能产生巨大的电弧热量融化焊条和钢铁，而焊条熔融使钢铁之间的融合性更高。

电焊操作时对皮肤、眼睛伤害很大。因为电焊弧光有很强的紫外线和红外线，强烈的紫外线容易造成皮肤癌，眼睛很容易得电光性咽炎（俗称"打眼"）。红外线对眼睛伤害也是很大的。还有其他看不到、摸不到、感觉不到的强烈射线、电磁辐射，其中包括 X 射线。同时电焊施工时，会产生大量的烟尘、金属蒸汽等，会对人体的呼吸道造成很大的伤害。如果没有任何防护措施，在潮湿场所或雨雾天气室外施工时，很容易造成触电事故，在易燃易爆场所施工很容易造成火灾甚至爆炸事故。所以，电焊工做好个人防护也是极为重要的。

（1）电焊伤害的预防措施

焊工在现场施焊，必须按国家规定，穿戴好防护用品。焊工的防护用品较多，主要有防护面罩、头盔、防护眼镜、防噪音耳塞、安全帽、工作服、耳罩、手套、绝缘鞋、防尘口罩、安全带、防毒面具及披肩等。这些都是焊接工作必需的防护用品。无论哪一种防护工具，在工作时都要正确佩戴，才能起到防护作用。不能因为嫌佩戴麻烦或图省事而不使用防护用品。比如送风封闭头盔重量轻，对头部、面部无压迫感，大小也适宜；头披与盔裙用丝制品等耐腐蚀材料制成，并与头盔四周紧密连接；观察镜靠弹力开启，施焊时能避弧光辐射，停焊时打开观察不必取下头盔。观察镜开闭时密封良好，开启灵活；盔内空间压力比外部大，有害气体不能进入盔内，有隔离作用。任何一种防护工具都有它的实际作用，作为特种作业工作，一定要认清防护用品对身体保护的重要作用，作业时按规定穿戴或佩戴防护用品，以保证自身不受伤害。

使用合格的电焊工具。焊接工作在作业前要认真仔细检查工具性能，比如工具的绝缘性、电源线有无破损、有无导线裸露、电焊机一、二次侧接线柱有无松动、严重烧伤、电焊钳及电焊专用手套有无破损漏电等，凡是不合格的工具禁止使用。

保证接线安全。选一根绝缘良好的引出线与电焊钳引线可靠连接，接头要拧紧，使其接触良好，防止过热，并用绝缘胶布将接头裸露导体包扎数层使其绝缘良好。然后将引出线敷设至电焊机处并接于焊机二次侧接线柱上，应压紧螺丝使其牢固接触良好，禁止使用缠绕法连接。敷设引出线时避免焊把接头从有水的地方经过，必要时应架空。焊把线经过金属栏杆或扶梯时，应用绝缘性能良好的细绳将其悬挂。

保证施工现场有良好的通风。通风技术是消除焊接尘毒危害，改善劳动条件的有效措施。它的作用是把新鲜空气送到作业地点，并及时排出有害物质和被污染的空气，使作业环境符合劳动卫生的要求。焊接所采用的通风措施为机械排风，并以局部机械排风最为普遍。

（2）电焊伤害的急救处理

具体来说，电焊施工时会对人体产生以下一些伤害，要注意防范，并注意及时科学地进行紧急处理。

①灼伤

在焊接过程中会产生电弧、金属熔渣，如果焊工焊接时不按规定穿戴好电焊专用的防护工作服，会导致焊工作业时被火花灼伤。如果是在高处作业，如果没有防护隔离措施，电焊火花飞溅时会造成焊工自身或作业面下方施工人员皮肤灼伤。如果灼伤严重，应送往医院医治。

②电光性眼炎

焊接时会产生强烈的可见光和大量不可见的紫外线，对人的眼睛有很强的刺激伤害作用，长时间直接照射会引起眼睛疼痛、畏光、流泪、怕风等，易导致眼睛结膜和角膜发炎（俗称电光性眼炎），应及时就医。

③光辐射伤害

焊接工作中产生的电弧光含有红外线、紫外线和可见光，对人体会产生辐射作用。红外线具有热辐射作用，在高温环境中焊接时会导致作业人员中暑；紫外线具有光化学作用，对人的皮肤有伤害，如果长时间被紫外线照射会使皮肤脱皮，强光长时间照射会引起眼睛视力下降。避免光辐射的最好办法就是穿戴防护服，佩戴防护眼镜。

④有害的气体和烟尘

焊接过程中产生的电弧温度可以达到4200℃以上，焊条芯、金属焊件融熔后发生气化、蒸发和凝结的现象，会产生大量的锰铬氧化物及有害烟尘，烟尘颗粒小，极易吸入肺中。长期吸入会造成肺组织纤维性病变，即电焊工尘肺，且常伴随锰中毒、氟中毒和金属烟热等并发症；同时，电弧光的高温和强烈的辐射作用，还会使周围空气产生臭氧、氮氧化物等有毒气体。如果焊接工作在封闭环境或者通风条件不良中进行，这些有害物体会使焊接工作者中毒或者缺氧伤害到人体健康。中毒主要与使用的焊条成分有关，如使用高锰型焊条，产生的粉尘中含有较多的二氧化锰，长期接触会发生慢性锰中毒。电焊伤害防护最主要的是进行焊接操作时，穿全专业防护服，戴防护面罩、口罩（减少防尘肺和电弧放电产生高温气化焊条和焊件产生的有害金属烟雾）防护装置不能有时穿戴有时不用。日常饮食要多吃水果，要适当多吃些血制品的食物及木耳，少抽烟。

7. 化学中毒与化学烧伤的防范

　　某些侵入人体的少量物质引起局部刺激或整个机体功能障碍的任何疾病都称为中毒，这类物质称为毒物。化学中毒是指在化学环境或是因为化学物品的影响导致人体中毒的情况。很多化学物品都会给人体带来一些影响，特别是一些有毒化学品，更容易导致中毒。日常生活和工作中能接触到的、毒性较大而易造成中毒的有人工合成药物、毒品、中草药、农药和工业毒物等。

　　（1）化学物品中毒伤害的类型

　　一般的化学中毒指那些吸进微量即能致死的化学药品是剧毒药品，如水银及汞盐、氰化物（氰氢酸、氰化钾等）、硫化氢、砷化物、一氧化碳、马钱子碱等，有毒物品使人体组织器官受伤，导致中毒伤害。这些伤害如下。

　　①使人窒息：如一氧化碳与红细胞结合而中毒，氰化物与血液结合而使中毒，硫化氢使呼吸器官麻痹而中毒。硫化氢的毒性不比氰化氢低，但它有味，使人警觉，立即采取措施，或离开，如吸入过多，就不觉臭味，反而带甜味，十分危险。

　　②扰乱人体内部生理、损坏器官：这类毒药引起系统性中毒，而且每种毒物有其损害的对象。如苯深入骨髓，损害造血器官，结果引起患者全身无力、贫血、白细胞少等；卤代烷使肝肾及神经受损害，钡盐损害骨骼，汞盐损害大脑中枢神经等。

③麻醉作用：乙醚、氯仿等。

④过敏性药物：引起某些人的过敏反应，最常见的是接触性皮炎。

⑤致癌性药物：如铅、汞、铍、镉等。

（2）工作中化学中毒的预防措施

化学中毒预防，目前采取的主要措施是替代、变更工艺、隔离、通风、个体防护和清理现场。替代控制、预防化学品危害通常的做法是选用无毒或低毒的化学品替代已有的有毒有害化学品。例如，用甲苯替代喷漆和涂漆中用的苯，用脂肪烃替代胶水或黏合剂中的芳烃等。主要有以下几种方法。

①变更工艺。目前可供选择的替代品很有限，特别是因技术和经济方面的原因，不可避免地要生产和使用有害化学品。这种情况下我们只能通过变更工艺消除或降低化学品危害，如以往用乙炔制乙醛，采用汞做催化剂，现在发展为用乙烯为原料，通过氧化或氧氯化制乙醛，通过变更工艺，彻底消除了汞害。

②隔离与屏蔽。屏蔽就是通过封闭、设置屏障等措施，避免作业人员直接暴露于有害环境中。比如将生产或使用的设备完全封闭起来，使工人在操作中不接触化学品。隔离操作是另一种维护工人安全的方法。就是把生产设备与操作室隔离开。最简单的形式就是把生产设备的管线阀门、电控开关放在与生产地点完全隔离的其他地方。

③通风。通风是控制作业场所中有害气体、蒸气或粉尘最有效的措施之一。有效的通风可以使作业场所空气中有害气体、蒸气或粉尘的浓度低于规定浓度，保证工人的身体健康，防止火灾、爆炸事故的发生。

④个体防护。个体防护用品不能降低作业场所在有害化学品的浓度，但是它能阻止有害物进入人体。在使用过程中一定要确保防护用品的性能完好，防护用品本身的失效就意味着保护屏障的消失，起不到任何防护作用。

防护用品主要有头部防护器具、呼吸防护器具、眼防护器具、躯干防护用品、手足防护用品等。

⑤及时清理现场。经常清洗作业场所，对废弃物、溢出物加以适当处置，保持作业场清洁，能有效地预防和控制化学品危害。

（3）化学烧伤的预防

化学烧伤的损害程度，与化学品的性质、剂量、浓度，物理状态（固态、液态、气态），接触时间和接触面积的大小，以及当时急救措施等有着密切的关系。化学物质对局部的损伤主要是细胞脱水和蛋白质变性，有的产热而加重烧伤。有的化学物质被吸收后可发生中毒。

化学烧伤的预防要从设备的保养和维修，防止跑、冒、滴、漏方面入手。工作人员要熟悉本岗位上所接触的原料、中间体、成品的化学性能；对易燃、易爆的化学物品做好防火、防爆等安全工作。严格遵守操作规程，穿戴好必要的防护用品（如橡皮手套及围裙、胶鞋，必要时头面部应戴好有机玻璃罩或防护眼镜等）；尤其在容易发生皮肤、眼烧伤的现场应安装冲洗设备，在无自来水的地方，应放置清洁盆水，并由专人负责，每天调换，加盖保持清洁，以便事故发生后可及时进行自救互救。

8.井下冒顶事故伤害自救和互救

冒顶，是指采掘矿井时，通道坍塌所产生的事故，是矿井采掘工作面生产过程中经常发生的事故之一。发生冒顶事故有几大原因，一是敲帮问顶制度执行不严，找浮矸危石不及时、不彻底或违章操作，对隐患性危岩未采取必要的临时支护措施，造成危岩突然坠落产生伤亡事故；二是折叠支架安装不合理，支架工作阻力低，可缩量小，支撑及支护密度不足，棚腿架设在浮矸或浮煤上，支架顶上及两帮未插严，棚架整体性及稳定性差，造成顶板来压时压垮或推垮支架导致冒顶；三是折叠缺乏支护设备，掘进工作面迎头没有采用金属前探梁等临时支护，工人在空顶空帮下作业，危岩突然坠落造成伤亡事故。无论是哪种原因造成的冒顶事故，都有可能导致人员伤亡。所以我们在井下作业中一定要以安全为前提，一旦发生冒顶事故，现场人员应立即采取自救和互救措施。

（1）井下冒顶事故后的自救措施

一是发现采掘工作面有冒顶的预兆，自己来不及撤退到安全地点时，遇险者应靠煤帮贴身站立避灾，但要注意煤壁片帮伤人。另外，冒顶时可能将支柱压断或摧倒，但在一般情况下不可能压垮或推倒质量合格的木垛。所以如果遇险的位置刚好靠近木垛时，可以借助木垛避险。

二是冒顶事故发生后，伤员要尽一切努力争取自行脱离事故现场。无法逃脱时，要尽可能把身体藏在支柱牢固或块岩石架起的空隙中，防止再受到伤害。

35

三是当大面积冒顶堵塞通道，即矿工们所说的"关门"时应沉着冷静，由当班领导或者有经验的老工人统一指挥，只留一盏灯供照明使用，并用铁锹、铁棒、石块等不停地敲打通风、排水的管道，向外报警，使救援人员能及时发现目标，准确迅速地展开抢救。

四是在撤离险区后，可能的情况下，迅速向井下及井上有关部门报告。

（2）出现冒顶事故后的现场紧急处置

当冒顶事故无法避免时，不要惊慌，严密监视冒落的顶板及两帮情况，先由外向里进行临时支护，打通安全退路，防止顶板继续冒落伤人，没有受伤的人由班组长或者有经验的老工人统一指挥，组织人力迅速抢救被埋在煤、矸下面的遇险者。

抢救时要先弄清楚遇险者的位置和被压情况，尽量不要破坏冒落矸石的堆积状态，小心谨慎地把遇险者身上的煤、矸搬开，救出伤员。若矸石太大，应多人用撬杠、千斤顶等工具从四周将大矸石块抬起来，用木柱撑牢，再将伤员救出；抢救时千万不能盲目拉扯伤员和无计划移动重物，以免对被压者造成更大的伤害。

若冒顶将通往外面的通道堵住时，要沉着冷静，根据平时观察的记忆来寻求新的出口。如果实在没有办法找到新的出口，被堵人员要静坐休息，保持体力，并尽量减少氧气消耗。如果有压风管路，尽快打开阀门，放气供人呼吸。等待救援时要注意节约使用矿灯、食物和水。若冒落的煤和矸石量不太大，有可能扒通出口时，应由老工人监视顶板，其他人员采取轮流撬扒的方法进行自救，并间断性敲打金属物，发出求救信号。

遇险人员要积极配合外部的营救工作。冒顶后被煤矸、物料等埋压的人员，不要惊慌失措，在条件不允许时切忌采用猛烈挣扎的办法脱险，造成事故扩大。被冒顶隔堵的人员，应在遇险地点有组织的维护好自身安全，构筑脱险通道，配合外部的营救工作，为提前脱险创造良好条件。

　　营救人员要检查冒顶地点附近的支架情况，发现有折损、歪扭、变形的柱子，要立即处理好，以保障营救人员的自身安全，并要设置畅通、安全的退路。在营救过程中，可用长木棍向遇险者送饮料和食物。在清理冒落煤矸时，要小心地使用工具，以免伤害遇险人员。

9. 井下透水事故预防与逃生

透水事故是指矿井在建设和生产过程中，由于防治水措施不到位而导致地表水和地下水通过裂隙、断层、塌陷区等各种通道无控制地涌入矿井工作面，造成作业人员伤亡或矿井财产损失的水灾事故。据统计，矿山事故中透水和瓦斯爆炸伤亡大，往往造成较大事故、重大事故，甚至特大事故。所以要高度重视，做好预防，防范意外伤害。

（1）透水事故的预防措施

预防矿井透水，要对井下工作人员进行定期知识教育，使职工熟知透水征兆，一旦发现有透水征兆时，立即向值班人员和上级主管部门报告，以防止事故的发生，同时，在未确定水源以前，停止继续作业。

对探水点或淋水地点的观察应不间断，并由专人记录变化情况，对每天的变化作出分析比较，如果发现明显变化，应停止作业。

采用分段下行探水法。探放水是解除水害威胁的最主要的措施。这种方法既适应水头低的老空水，也适应水头高的积水。采用化整为零的方法放尽，如果对水头很高的积水采用"端底"的方法作一次处理时，危险就会大大增加。因此，采用"分段下行探水法"把高水头的积水分为若干段，从上而下地依次探放。这样每次探放所遇到的水头高度就能控制在安全限度以内。而且这个方法的采用与斜井片盘开拓程序可以完全一致起来。即使是在竖井开采的情况下，采取这一方法，也是符合客观规律的。

掌握安全超前距离。安全规程要求探水的超前距离至少要保持 20 米。

但在实际执行中，特别是没有探水设备或者探水设备不足的单位，往往不能达到这一要求。针对这些实际困难，最有效的方法是从过去透水事件中查清煤墙被突破的厚度，当时突破煤墙的水头高度以及煤质等。根据这些参考资料来规定探水工作的超前距离。比如有的单位规定"探四进一保持三"做法，意思是探深四米时、掘进一米、保持三米的超前距离来维护安全。

钻孔的布置与钻孔数目的确定。当工作地点有透水征兆而必须探水时，首先要解决的问题是钻眼怎样布置，钻孔数如何确定。解决这些问题必须根据煤层厚度、倾角大小、巷道与顶底板的关系是平巷还是上下山及其断面大小等具体情况来确定。一方面要探明正前方及两帮有无老空区，另一方面还要探明前下方有无隐患；如果巷道是沿底板前进时，探眼必须是既能探明正前方（包括两帮）的情况，又能探明前上方（包括两帮）有无老空区存在。如果巷道开在煤层腹部，探水时，探眼的布置就应照顾到更多方面，无论正前方、前上方、前下方以及各方面两帮都应控制住才成。总体要求为根据巷道及煤层的具体情况，参考当时当地的有关调查资料来确定探眼的布置方法。探眼数目的确定，也是根据各种不同情况来决定。无论在任何条件下，都应掌握一条，就是用最少的探眼达到全面控制透水的目的。

只有将积水放出以后，才能彻底清除水害威胁，扩大采区，多采煤，所以在进行探水时就要同时做一切放水工作的准备。如果所探放的积水情况已调查很清楚，应及早在探水巷道内安排适当地点接好放水管。为使放水管能固定在混凝土圆柱中，管子外套要备有锥形环。这样，装好以后，将钻杆通过带有水门的放水管进行钻眼工作。钻进时为了保证安全，必须在工作面附近装设不透水的带门的隔水墙，若带门，门要向来水的方向开启，隔水墙也可以不带门，直接设在工作面的前面，在这种情况下，钻眼工作就要在墙外进行。但无论哪种隔水墙都必须装有放水管，以便关闭后放水用。在接近个别积水区或涌水量大的含水层时，都可以采用这种方法，这种办法的探眼深度可以缩小到 3~5 米。

井下排水主要靠排水沟及水仓。排水沟是把各个工作地点的水汇集到井底水仓，再由井底水仓排到地面。排水沟要向井底倾斜，其倾斜度以水流量的大小而定。水沟面要铺上盖板，一是方便工人行走，二是避免堵塞。水仓的作用是将各种汇集到井下的水暂时容纳起来，以便集中将水排至地面。水仓对保证矿井安全起很大作用。雨季会涌入大量积水，水仓可起到缓冲作用，使井底不会立即被淹没，为矿工赢得升井时间，如果没有水仓的缓冲作用，矿井又无安全出口，透出的水就会很快把井底封顶，造成事故。

井下作业要做好安全管理工作。严格操作规范，杜绝"三违"现象。同时要做好应急救援工作的准备，如果有事故发生，做到第一时间准确判断、及时救人、减少损失。安全设施及措施是保障矿山企业安全生产的第一道防线，如安全监控、人员定位、通信联络、紧急避险、压风自救及供水施救等，任何一种失误都会导致无法挽回的损失及严重后果。

（2）井下透水事故的自救措施

井下透水事故都有一定的先兆，掌握这些透水前的征象和规律，对于避险求生十分重要。一般透水事故前往往煤层发潮发暗，巷道壁或煤壁上有小水珠，工作面温度下降变冷，煤层变凉。工作面出现流水和滴水现象，工作时能听到水的"嘶嘶声"等。

发现这些透水征兆后，要用最快的方式通知附近地区的工作人员，应尽快通过各种途径向井下、井上指挥机关报告，以便迅速采取营救措施，并按照矿井灾害预防和处理计划中所规定的路线撤出。当人员撤出透水区域后，要立即紧紧关死水闸门，把水流完全隔断，以保证整个矿井的安全。

假如出路被水隔断，就要迅速寻找井下位置最高，离井筒或大巷最近的地方暂时躲避等待援救。同时要敲打水管或轨道，发出呼救信号。被水隔绝在掌子面或上山巷道的作业人员应清醒沉着，不要慌乱，尽量避免体力消耗。全体井下人员还应做长期坚持的准备，所带干粮集中统一分配，不要无谓地浪费掉；关闭作业人员的矿灯，只留一盏灯供照明使用。

井下突然出现透水事故时，井下工作人员应绝对听从班组长的统一指挥，按预先安排好的路线进行撤退，不要惊慌失措、慌忙逃离。万一迷失方向，必须朝有风流通过的上山巷道方面撤退；如果有人受伤，应积极进行现场抢救。出血者立刻止血，骨折者要及时固定和搬运。

透水后特别是老空区的积水突出以后，往往会从积水的空间放出大量有害气体，在避灾中，要注意防止有害气体中毒或窒息。如果透水事故发生并有瓦斯喷出可能时，探水人员带防护器具，或者在工作地点加强通风，保持空气的新鲜和畅通。不可把通风机关闭。

（3）透水后逃生技巧

井下突然发生透水事故时，现场人员应立即尽可能就地取材迅速封堵透水点，防止事故扩大，并及时汇报矿调度。如果情况紧急，水势凶猛，被困人员应按照原定的避灾路线由下往上撤退，切忌不能由上往下撤退，更不能进入透水水平以下的独头巷道。一般来讲，井下都有避难硐室。如果透水发生，现场人员被水围困无法撤退时，应迅速进入避难硐室中避灾，如果避难硐室比较远，来不及进入，应快速选择就近的合适地点建筑临时避难硐室，如果是老空区透水，要在硐室口建临时挡墙或吊挂风帘，防止被涌出的有害气体伤害。进入硐室避难时，要保持良好的精神状态，不要恐慌，更不要做出一些极端行为，比如盲目往外奔逃，高声哭喊，要坚信一定会有及时组织救援，老员工要做好带头人，组织安全撤离的同时还要安抚新员工，让大家坚定信心。班组长或有经验的老员工要安排人员轮流观察水情，并用敲击的方法有规律、间断地发出呼救信号，为营救人员指引避难点的位置，所有员工都要作好长时间避难的准备，等待救援时尽量减少体力和空气消耗。如果被困时间较长，食物断绝，要努力克制自己，寻找合适的水源，以补充水分来维持足够的体力。救援人员赶到后，被困人员千万不要过度兴奋，也不可立即食用大量食物，尤其是硬质食物；升井后，不要立即进入强烈的光线下，以免眼睛受到伤害。

⚇ 10. 井下爆炸事故伤害防范与自救处理

在井下遭遇爆炸时，一定要及时自救。据调查统计，矿井下发生煤尘爆炸时，多数遇难人员的直接死因并不是爆炸和燃烧，而是有害气体和缺氧引起的中毒和窒息。所以，发生煤尘爆炸时，自救措施要果断及时，方法得当，尽可能减少伤残和死亡的发生。

（1）井下瓦斯爆炸事故预防

一要防止瓦斯聚积。瓦斯积聚是因为通风状况不好引起的。加强通风，可以有效降低瓦斯浓度，具体要求为采掘工作面的进风风流中不超过0.5%，回风风流不超过1%，矿井总回风流中不超过0.75%。

随时派专人检查各用风地点的通风状况和瓦斯浓度，发现安全隐患立即进行处理；对瓦斯含量大的煤层，进行瓦斯抽放，降低煤层及采空区的瓦斯涌出量。

二要防止瓦斯引燃。井口房、瓦斯抽放站及主要通风机房周围20米内禁止使用明火；瓦斯矿井要使用安全照明灯，井下禁止打开矿灯，禁止携带烟草及点火工具下井；放炮时严格按规定执行，坚决杜绝违章操作；防止机械操作时引起的火花，具体方法是在摩擦部件的金属表面溶敷一层活性小的金属（如铬），使形成的摩擦火花不能引燃瓦斯；在铝合金的表面涂各种涂料，以防止摩擦火花的发生和金属中加入少量的铍，降低摩擦火花的点燃性等。

（2）井下煤尘爆炸事故预防

煤尘在空气中达到一定浓度时，遇火源可能产生剧烈的发光、发热并有巨大声响的化学反应。煤尘爆炸具有强大的机械破坏作用，同时产生大量有毒气体（如一氧化碳等）。煤尘爆炸同瓦斯爆炸一样都属于矿井中的重大灾害事故。

煤尘爆炸事故预防关键在于防尘和防引燃。对于防尘，我们可以采取给煤层注水、湿式打眼和水炮泥、采掘机喷雾降尘等方法来降低空气中煤尘的浓度，防止煤尘引燃。一是要防止明火。严禁任何人携带烟草及点火物品下井，井下严禁拆卸、敲打矿灯，严禁用明电、明火放炮；井口房、风机房、风井口周围 20 米内严禁有明火。二是要防止电火花。井下一切电气设备安装和使用，必须符合规定，并有专人定期检查和维护，使其处于完好状态。不许带电检查、检修、带电移动电器设备。采掘工作面必须消灭失爆设备。防爆设备检修后，必须经过防爆设备质量检查员验收，经主管领导审批登记后，方可入井。三是防止放炮火花。从事井下爆破作业人员，必须经过专门培训并持证上岗，井下必须使用煤矿许用炸药和电雷管，使用毫秒延期雷管时，最大延期时间不得超过 130 毫秒，采掘工作面爆破必须执行"三人连锁"和"一炮三检"的制度，严禁放糊炮或明炮，严禁煤粉装炮或封泥深度不足放炮。

（3）井下爆炸事故的逃生自救

瓦斯爆炸事故也是有先兆的，如附近空气有颤动的现象发生，有时还发出咝咝的空气流动声。这可能是爆炸前爆源要吸入大量氧气所致，一般被认为是瓦斯爆炸前的预兆。井下人员一旦发现这种情况时，要沉着、冷静，采取措施进行自救。具体方法是：背向空气颤动的方向，俯卧倒地，面部贴在地面，闭住气暂停呼吸，用毛巾捂住口鼻，防止把火焰吸入肺部。最好用衣物盖住身体，尽量减少肉体暴露面积，以便减少烧伤。为什么要立即卧倒呢？这是为了降低身体高度，避开冲击波的强力冲击，减少危险。

如发生小型爆炸，掘进巷道和支架基本未遭破坏，遇险矿工未受直接伤害或受伤不重时，应立即打开随身携带的自救器，佩戴好后迅速撤出受灾巷道到达新鲜风流中。对于附近的伤员，要协助其佩戴好自救器，帮助撤出危险区。不能行走的伤员，在靠近新鲜风流 30～50 米范围内，要设法抬运到新风中；如距离远，则只能为其佩戴自救器，不可抬运。撤出灾区后，要立即向矿领导或调度室报告，派矿山救护队抢救。

如发生大型爆炸，掘进巷道遭到破坏，退路被阻，但遇险矿工受伤不重时，应佩戴好自救器，千方百计疏通巷道，尽快撤到新鲜风流中。如巷道难以疏通，应坐在支护良好的棚子下面。或利用一切可能的条件建立临时避难硐室，相互安慰、稳定情绪，等待救助，并有规律地发出呼救信号。对于受伤严重的矿工，也要为其佩戴好自救器，使其静卧待救。

如采面发生小型爆炸，进、回风巷一般不会被堵死，通风系统也不会遭到大的破坏，爆炸所产生的一氧化碳和其他有害气体较易被排除。在这种情况下，采面爆源进风侧的人员一般不会严重中毒，应迎着风流退出。在爆源回风侧的人员，应迅速佩戴自救器，经安全地带通过爆源到达进风侧，即可脱险。

如采面发生严重的爆炸事故，可能造成工作面冒顶垮落，使通风系统遭到破坏，爆源的进、回风侧都会聚积大量的一氧化碳和其他有害气体。为此，在爆炸后，没有受到严重伤害的人员，都要立即打开自救器佩戴好。在爆源进风侧的人员，要逆风撤出；在爆源回风侧人员要经安全地带通过爆源处，撤到新鲜风流中。如果由于冒顶严重撤不出来，首先要把自救器佩戴好，并协助将重伤员转移到较安全地点待救。附近有独头巷道时，也可进入暂避，并尽可能用木料、风筒等建立临时避难硐室。进入避难硐室前，应在硐室外留下衣物、矿灯等明显标志，以便引起矿山救护队的注意，便于进入救助。

煤尘爆炸时矿工的自救与互救措施，可参照瓦斯爆炸的自救、互救措施办理。爆炸时要特别做到以下几方面。

一是当瓦斯、煤尘爆炸时，在现场和附近巷道的工作人员，千万不可惊慌失措。

二是当听到爆炸声和感到冲击波造成的空气震动气浪时，应迅速背朝爆炸冲击波传来方向卧倒，脸部朝下，把头放低些，在有水沟地方最好侧卧在水沟里边，脸朝水沟侧面沟壁，然后迅速用湿毛巾将嘴、鼻捂住，同时用最快速度戴上自救器，拉严身上衣物盖住露出的部分，以防爆炸的高温灼伤。如边上有水坑，可侧卧于水中。在听到爆炸瞬间，最好尽力屏住呼吸，防止吸入有毒高温气体灼伤内脏。避免爆炸所产生强大冲击波击穿耳膜，引起永久性耳聋。

三是煤尘爆炸后，切忌乱跑，井下人员应在统一指挥下，情绪镇定，要迅速辨清方向，按照避灾路线以最快速度赶到新鲜风流方向。外撤时，要随时注意巷道风流方向，要迎着新鲜风流走，或躲进安全地区，注意防止二次爆炸或连续爆炸的再次损伤。

四是用好自救器是自救的主要环节。当戴上自救器后，绝不可轻易取下吸入外界气体，以免遭受有害气体的毒害，要一直坚持到安全地点方可取下。

五是在可能的情况下，撤离险区后及时向井下调度、矿调度和局调度报告。

11. 工地火灾的防范与自救

工地因为人员混杂，流动性强，施工人员安全意识淡薄，安全管理跟不上而经常导致火灾事故发生。一旦发生事故，轻则财物损失，重则造成人员伤亡事故。掌握防火知识，预防事故发生是工地每个员工的必要任务。工地火灾事故，大多是由焊割、电气和其他生活中的各种原因造成的。

（1）工地火灾的防范措施

在施工现场制订消防措施、制度，合理配备各种灭火器材。尤其是工棚附近根据施工人数和现场必要，配置必要数量的灭火器、消防水桶、水缸、沙箱、铁锹、火钩等灭火工具。消防工具要有专人管理，并定期进行检查和试验，确保使用可靠。施工作业层必须配备足够水压的消防用水及水栓。临时性的建筑物，仓库以及正在修建的建（构）筑物都应设置不同种类和数量的灭火工具。

工棚与火灾危险性大的生产场所距离不得低于30米。住宿用的工棚要远离火灾危险性大的场所。木材堆垛的面积不要过大，堆与堆之间应该保持一定的距离。施工现场、加工作业场所和材料堆置场内的易燃、可燃杂物要及时清理，确保安全。

施工人员吸烟时必须在吸烟室内或者其他安全的地方，将烟头和火柴梗放在有水的盆里。

电线穿过可燃墙壁或其他可燃物时，应该套上磁管或塑料管加以隔离，电灯泡安装时应与可燃物保持至少 30 厘米的距离。

发电机、配电房应位于现场的下风向，保持整洁，要配有一定数量的专用灭火器。

下班前做好场地清理工作，严禁火源隐患出现。逐级做好安全生产责任制。工地施工有时会出现几个施工单位同在一个工地施工，造成管理难度大，管理上的混乱。必须认真按照"谁主管、谁负责"的原则，明确安全生产责任，逐级签订安全生产责任书，做到"人人防火、处处防火、时时防火"，确保安全。

坚持"先培训、后上岗"的原则。要对火灾危险性较大的工种，如电工、油漆工、电焊工、司炉工等进行必要的消防知识培训，使相关人员明白安全操作规程并严格遵守，同时加强学习本工种的火灾危险性及火灾预防、扑救措施。

（2）工地火灾现场自救措施

当发生火灾时，如果火势并不大，还没有对人造成很大的威胁，而且周围有足够的消防器材，如灭火器、消防栓时，先不用顾着逃跑，应奋力将小火控制、扑灭；千万不要惊慌失措奔逃，让原本可以扑灭的小火发展成灾难。

如果火势很猛，根本不是个人力量能控制的时候，同样要让自己保持镇静，迅速判断危险地点和安全地点，决定逃生的办法，尽快撤离危险地。千万不要盲目地跟从人流和相互拥挤、乱冲乱窜。撤离时要注意，朝明亮处或外面空旷地方跑，若身处高楼，要尽量往楼层下面跑。

当被烟火包围时，要用湿毛巾捂住口鼻，低姿势行走或匍匐穿出现场。如果逃生通道被烟火隔断时，可用湿棉被或衣物裹在身上逃离现场，如果通道完全被封死，可以通过阳台或排水管等处逃生。二楼可选择在门窗上拴绳子逃生。完全没有办法时，要选择退回室内，关闭门窗，向门窗上泼水延缓火势，并向窗口发出求救信号。

　　无论任何时候，人的生命是最重要的。当身处火灾现场时，千万不要为了顾及贵重物品，而失去了逃生的最佳时机。已经逃离险境的人员，不要冒险再次进入危险区。

　　被困房内向外求救时，白天可以向窗外晃动鲜艳衣物，或外抛轻型晃眼的东西；晚上则可以用手电筒不停地在窗口闪动或者敲击东西，及时发出有效的求救信号，引起救援者的注意。此时求救的原则是充分暴露自己，便于他人寻找和救助。

　　如果火源已经到身上，千万不可奔跑或用手拍打，因为奔跑或拍打时会形成风势，使火势更旺。当身上衣服着火时，应赶紧设法脱掉衣服或就地打滚，压灭火苗；当然能及时跳进水中或让人向身上浇水、喷灭火剂效果更好。

第三章

家庭常见意外伤害的防范和紧急处理

家庭是温馨的港湾，幸福的乐园。可一旦发生意外，幸福和温馨都会无情远去。所以，家庭生活更需要时刻防范意外伤害，让温馨和幸福常伴身边。

🏛 1. 家庭火灾防范与失火逃生

造成家庭火灾的原因有很多，最主要的包括用火不慎、设备不安全、电器问题及其他一些原因。家庭中引起火灾的"罪魁祸首"包括电、生活用火、自燃物、可燃装修材料等。

现在家家户户都离不开电，但电也是消防安全隐患。因为用电不慎极易引发家庭火灾。如家用电器出现故障、电器老化、电路超负荷、漏电、短路等。

家庭天然气、煤气、液化石油气也是火灾的重要隐患。有的居民家庭把燃气灶具同家用电器及炉火在同一操作间存放和使用；有的居民家私自拆、装、移动燃气灶具；有的居民家庭灶具使用时间过长发生漏气现象；有的居民家庭在灶具周围堆放易燃易爆物品；有的往下水道或抽水马桶等处倾倒液化石油气残液；有的对燃气热水器的安装和使用常识掌握不清。这些，都会留下事故隐患。

同时生活用火不慎，如使用炉火、灯火、蜡烛不慎；卧床抽烟或酒后抽烟；乱扔未熄灭的火柴、烟头等也会引发火灾。小孩玩火，虽不是正常生活用火，但却是居民家庭生活中常见的火灾原因。尤其是农村，小孩玩火更为突出，小孩玩火导致的火灾约占火灾总次数的10%。所以要防范家庭火灾就需要我们及时消除这些隐患，及早防范。

（1）家庭火灾防范措施

一要树立消防安全意识，搞好家庭防火常识教育。许多家庭消防意识淡薄，防灭火自救能力低下，时常因一些常识性的低级错误导致家庭火灾的发生、蔓延。因此，每个家庭成员都应该熟练掌握一些基本的消防知识、消防器材设施的使用方法和火场逃生方法，一旦失火，能够迅速组织灭火扑救，阻止火势的蔓延。

二是装修勿留隐患。在房屋装修过程中，一是不要为了节省金钱而忽略了防火问题，留下先天的火灾隐患；二是严禁将裸线直接埋在墙体之中带来隐患。

三要注意管、罐漏气。家庭使用煤气罐、管道煤气等，室内要具备良好的通风条件，并要经常检查，发现有漏气现象，切勿开灯、打电话，更不能动用明火，要迅速打开门窗通风，排除火灾隐患。液化石油气钢瓶要置于空气流通且便于操作和观察的空间。因为液化气钢瓶由于使用时间过长或质量不合格，以及煤气管路阀门的开闭连接等，都有可能造成漏气，泄漏的气体一遇明火就极易造成燃烧爆炸事故。

四要加强电器维护检查，严禁电器不拔插头。近几年的家庭火灾中，因电气引发的约占一半，其一是家用电器缺乏保养。使用电炉、电热毯、电熨斗等，要做到用前检查，用后保养，否则就会因线路老化、年久失修导致电路受损而引发火灾事故。其二是家用电器不拔插头。使用遥控器关闭时，变压器仍在通电。虽然它通过的电流很小，但长期的通电会使电源变压器持续升温，加速电源变压器的线圈和绝缘层老化，从而引起短路和碳化起火；或者遭遇雷电袭击，造成家用电器短路过载而引起火灾爆炸事故。

五是勿乱堆杂物、乱烧垃圾。将杂物堆在阳台上，使之成为杂物仓库是家庭防火之大忌。有的甚至把油漆、车用汽油等易燃易爆物品都放在阳台上，使阳台成了火险丛生之地。夏季高温烘烤，逢年过节人们燃放烟花爆竹，以及小孩玩火等因素，都极易造成家庭火灾。自行焚烧垃圾是导致家庭火灾的又一诱因，因为垃圾里会有很多可燃可爆物，如液化气残液、玻璃瓶、鞭炮、废旧电池、液体打火机等，一旦燃烧就有爆炸的可能。特别是在冬季，大风一刮，火苗乱窜，很容易引起火灾。一些易燃易爆物品应当按照使用说明来使用、放置。

六是勿乱扔烟头、乱放爆竹。随手扔烟头是很多烟民的习惯。俗话说，"一支香烟头，能毁万丈楼。"冬季风多雨少，夏季温高物燥，乱扔烟头随时都可能引发火灾。况且烟头引发的火灾大多具有"隐蔽性"，由引燃到起火成灾一般需要三到五个小时，在起火初期很难被人察觉，一旦成灾已无可挽回，因而"烟头火灾"具有更大的危害性。特别是那些喜欢抽"倒床烟"的烟民尤其要注意随手灭烟，以免酿灾。家庭燃放烟花爆竹也要注意安全，楼上放鞭炮不能殃及楼下，底层放烟花不能对着高处人家的阳台、窗帘，农村放鞭炮不能靠近树林、草堆、棉场等地。还要做到坚决不在禁放区域燃放鞭炮。

七要禁止用油点火取暖。虽然现在城镇居民冬季取暖大都使用电，但广大农村居民冬季烤火仍在使用木材、炭火。这就要求点火时严禁用汽油、煤油、酒精等易燃物引火。

八要严禁小孩玩火。小孩玩火引发火灾令人防不胜防，每个家庭都应该管好孩子，督促小孩不玩火。学校要教育学生增强防火意识，商店不要向小孩出售火种。

九要重视配备消防器材。为了做到有备无患，每个家庭都应配备消防器材，每位成员都要掌握使用方法，另外要定期检查，定时校验，做到警钟长鸣，防患未然。

十是从小事上重视防火。如电热毯在使用中切勿折叠；点燃的蜡烛、蚊香应放在专用的台架上，不能靠近窗帘、蚊帐等可燃物品；使用电灯时，灯泡不要接触或靠近可燃物；到床底、阁楼等处找东西时，不要用油灯、蜡烛、打火机等明火照明。

（2）家庭火灾的紧急处置方法

当家里发生火灾后，报警和救火要同时进行，家里起火时如果有两人在场，可一个人扑救一人报警；如果只有一个人，可一边扑火一边向左邻右舍呼救。牢记"119"免费火警电话。不管是否危及到个人财产，一旦见到火灾，应该迅速报告火警。报告火警是公民应尽的消防义务，及时的报警往往会成为挽救他人生命财产的关键。

发现火苗要就地取材扑打。水是最方便的灭火剂。但汽油、煤油、香蕉水等比重比水小又不溶于水的液体引发的火灾以及电器火灾等不能用水扑救。这时可用干粉、黄沙、毛毯、棉被等覆盖火焰。

油锅起火，可直接把锅盖迅速盖上，隔离空气灭火，同时关闭煤气等火源或将油锅平稳地端离炉火。油锅起火忌用水浇，以免助长火苗蹿出，引起火灾。

煤气、液化气管路着火，要先关闭阀门，用围裙、衣物、被褥等浸水后捂盖。

家用电器着火，要先断电源，然后用湿毛毯、棉被覆盖灭火，如仍未熄火，再用水浇。电视机着火用毛毯、棉被覆盖灭火时，人要站在电视机后侧或旁边，以防显像管爆裂伤人。

当家中的液化气瓶口或煤气管道、厨房灶具失控泄漏起火，可以用湿毛巾盖住起火部位，然后迅速关闭阀门，化险为夷。

当在家里遭遇火灾时，首先应该想尽一切办法逃生，不要停下来先收拾钱财物品，因为生命是第一位的。平时多掌握一些火灾逃生技巧，也有利于自救。

（3）家庭火灾逃生自救方法

发生火灾时先要沉着冷静，不要大呼小叫甚至惊慌失措。用试探的方法判断火情。用手先试一下门把手及门是否灼热。如果不觉得热，可以小心地将门开一条缝，观察门外火情。若烟雾弥漫，热气由门缝逼进灼热难耐或用手伸到门外上方感到热气逼人，应立即关闭房门，向房门泼水，并用湿棉被、毛巾等物品封住房门，以暂阻火势蔓延进家。若打开门观察后火不大，要尽快离开房间，快速向楼下跑。

如果所有逃生线路被大火封锁，要立即退回房间内。这时趁火势尚未蔓延到房间内，紧闭门窗、堵塞孔隙，防止烟火窜入。用浸湿的棉被等堵封门窗，并不断浇水，同时用湿毛巾捂住嘴、鼻，一时找不到湿毛巾可以用其他棉织物替代。因为烟雾弥漫，很难让人发现，此时应想办法往窗外扔东西或者发出声响，让外面有人发现你或者让救援人员知道你的位置。

如果你居住的是一楼，那么无论如何也要想办法冲出去，只有冲出去，才能确保自身安全。楼上的住户若楼道火势不大或没有坍塌危险时，可裹上浸湿了的毯子、非塑制的雨衣等，快速冲下楼梯。若楼道被大火封住而无法通过，可以利用排水管逐层向下滑或者将绳子捆绑结实后向下滑。家中有绳索的，可直接将其一端拴在门、窗档或重物上沿另一端爬下。下滑过程中，脚要成绞状夹紧绳子，双手交替往下爬，并尽量用手套或毛巾将手保护好。

火灾发生时烟气往上冲，大多聚集在上部空间，因此在逃生时压低身体或贴近地面匍匐或弯腰前进，可以减少烟呛和吸入的毒气。

将棉被钉或夹在门上，并不断往上浇水冷却，以防止外部火焰及烟气侵入，抑制火势蔓延的速度，为逃生争取时间。

毛巾捂鼻法：火灾烟气具有温度高、毒性大的特点，一旦吸入后很容易引起呼吸系统烫伤或中毒。不管是逃离还是避难等待救援，都要及时用湿毛巾捂住口鼻，以起到降温及过滤的作用。

把床单、被罩或窗帘等撕成条或拧成麻花状，按绳索逃生的方式沿外墙爬下。这个方法一是要确定外墙无高温，二是能避开火源。

用浸泡过的棉被或毛毯、棉大衣盖在身上，确定逃生路线后用最快的速度钻过火场并冲到安全区域。

　　住在二楼的居民可采取跳楼的方法进行逃生，但这种方法只能在万不得已的情况下才能使用。一定不能轻易跳楼。决定往下跳时，要选择较低的地面作为落脚点，并将能起到缓冲作用的物件事先抛下，比如床垫、沙发垫、厚棉被等。

　　当实在无路可逃时，可利用卫生间进行避难，用毛巾紧塞门缝，把水泼在地上降温，也可躺在放满水的浴缸里躲避。但千万不要钻到床底、阁楼、橱柜里等地方避难，因为这些地方狭窄，容易聚集烟气，而且这些地方平日里大都放满了杂物，很容易着火。

　　当建筑物外墙或阳台边上有落水管、电线杆、避雷针引线等竖直管线时，可借助其下滑至地面，同时应注意一次下滑时人数不宜过多，以防止逃生途中因管线损坏而致人坠落。

　　火灾逃生时一定要记住，生命比财物重要。火灾袭来时要迅速逃生，不要贪恋财物。火灾中逃生最重要的就是速度。不要因为贪恋财物而耽误了逃生的机会。

　　遇到火灾不要求速度而乘坐电梯，因为火灾随时有可能导致停电，一旦停电，就会被困电梯中，所以，一定要从楼梯或其他安全出口逃生，乘坐电梯只能增加危险。

　　凡是能想到办法自救的，一定要在第一时间让自己逃离火灾现场。任何一种自救方法的成功都能给自己的生存率加分。

2. 家庭触电防范要点

家庭用电安全尤其重要。使用用电器、安装电器电线等，都务必严格按照规范操作，高度重视安全用电，防范触电事故发生。

（1）家庭触电防范措施

认识了解电源总开关，学会在紧急情况下关掉总电源，定期检查家用电器的线路，以防老化而引起触电和火灾。

不用手或导电物（如铁丝、钉子、别针等金属制品）去接触、探试电源插座内部，不要把铁丝缠在电线上；不用手玩弄电源插座或绝缘不好的电灯灯头。电线及插座不要让孩子摸到，插座可用塑料盖盖住，或使用安全插座，以免孩子不小心触电。

不用湿手触摸电器，不用湿布擦拭电器。电器使用完毕后应拔掉电源插头；插拔电源插头时不要用力拉拽电线，以防止电线的绝缘层受损造成触电；电线的绝缘皮剥落，要及时更换新线或者用绝缘胶布包好。

不随意拆卸、安装电源线路、插座、插头等。哪怕安装灯泡等简单的事情，也要先切断电源。

使用电热毯，应在入睡前将电热毯预热，睡觉时一定要切断电源。

雷雨天气，当闪电和雷声剧烈时不要到阳台或门口处逗留，不要在大树下、电线杆旁或高屋墙檐下避雨，以防雷电击伤。

铺设暗线，应加绝缘套管，不能用单根电线或软线；电线接头、电线破损修补，不能用普通胶布代替绝缘胶布；家中要备一些必要的电工器具，如验电笔、螺丝刀、胶钳等、还必须具备适合家用电器使用的各种规格的保险丝管、保险丝座和保险丝；保险丝选择要匹配，不能用铜丝或铁丝代替；烧断保险丝或漏电开关动作后，必须查明原因才能再合上开关电源。任何情况下不得用导线将保险短接或者压住漏电开关跳闸机构强行送电。电闸箱一定要安装漏电保护器。

购买家用电器时应认真查看产品说明书的技术参数（如频率、电压等）是否符合本地用电要求。要清楚耗电功率多少、家庭已有的供电能力是否满足要求，特别是配线容量、插头、插座、保险丝管、保险丝座、电表是否满足要求，当家用配电设备不能满足家用电器容量要求时，应予更换改造，严禁凑合使用。否则超负荷运行会损坏电气设备，还可能引起电气火灾。

凡要求有保护接地或保护接零的家用电器，都应采用三脚插头和三眼插座，不得用双脚插头和双眼插座代用，造成接地（或接零）线空档；接地线不得接在自来水管上（因为现在自来水管接头堵漏用的都是绝缘带，没有接地效果）；不得接在煤气管上（以防电火花引起煤气爆炸）；不得接在电话线的地线上（以防强电串入弱电）；也不得接在避雷线的引下线上（以防雷电时反击）。

移动家用电器时一定要切断电源，以防触电。家用电器烧焦、冒烟、着火，必须立即断开电源，切不可用水或泡沫灭火器浇喷。

发现有人触电要设法及时关断电源；或者用干燥的木棍等物将触电者与带电的电器分开，不要用手去直接救人；未成年人遇到这种情况，应呼喊成年人相助，不要自己处理，以防触电。

（2）家庭触电急救要点

家庭触电急救与一般触电急救没有显著区别。要迅速断电使触电者迅速脱离电源。如果触电地点附近有电源开关或电源插座，可立即拉开开关或拔出插头，也可直接拉下漏电开关（空气开关）总闸；如果触电地点附近没有电源开关或电源插座（头），可用有绝缘柄的电工钳或有干燥木柄的斧头切断电线。

当电线搭落在触电者身上，可用干燥的衣服、手套、绳索、皮带、木板、木棒等绝缘物作为工具，拉开触电者或挑开电线，使触电者脱离电源。

若触电发生在低压带电的架空线路上或配电台架、进户线上，可立即切断电源的应迅速切断，救护者迅速登杆或登至可靠的地方，并做好自身防触电、防坠落安全措施，用带有绝缘胶柄的钢丝钳、绝缘物体或干燥不导电物体等工具将触电者脱离电源。

切断电源拨开电线时，救人者应穿上胶鞋或站在干的木板凳子上，戴上塑胶手套，用干的木棍等不导电的物体挑开电线。人工呼吸和胸外心脏按压不得中途停止，一直等到急救医务人员到达。

如果触电者呼吸停止，心脏暂时停止跳动，但尚未真正死亡，要迅速对其人工呼吸和胸外按压。具体做法是让触电者仰卧，解开领口、裤带，使其头部尽量后仰，鼻孔朝天，拉出舌头，清除口腔内的污物，如义齿、呕吐物、黏液等。气道畅通后，救护者一只手托起伤者的下颌，另一只手捏紧鼻子，口对口吹气，使被救者胸部扩张，接着放松口、鼻，使其胸部自然缩回。如此反复进行，每分钟吹气约 12 次。如果无法把触电者的口张开，则改用口对鼻人工呼吸法。此时，吹气压力应稍大，时间也稍长，以利空气进入肺内。如果触电者是儿童，则只可小口吹气，以免使其肺部受损。

有资料表明，从触电后一分钟开始救治者，90% 有良好效果；从触电后 12 分钟开始救治者，救活的可能性很小。因此，发现有人触电，首先要尽快进行现场抢救。

3. 食物中毒预防与紧急处置

食物中毒是由于进食被细菌及其毒素污染的食物，或摄食含有毒素的动植物如毒蕈，河豚等引起的急性中毒性疾病。变质食品、污染水源是主要传染源，不洁手、餐具和带菌苍蝇是主要传播途径。食物中毒有单人中毒，也有群体中毒，其症状以恶心、呕吐、腹痛、腹泻为主，往往伴有发烧等症状。吐泻严重的，还可能发生脱水、酸中毒，甚至休克、昏迷等症状。

（1）食物中毒的预防措施

不吃变质，腐烂的食品；低温存放的食物，食用前先严格消毒、经过彻底加热后再食用；有毒的动植物和经化学物品污染过的食品不吃。

不吃有害化学物质或放射性物质污染的食品；不食用病死禽畜肉或其他变质肉类。不生吃海鲜、河鲜、肉类等；醉虾、腌蟹等最好不吃。

生、熟食品应分开放置；切过生食的菜刀，菜板不能用来切熟食；冷藏食品应保质、保鲜，动物食品食前应彻底加热煮透，隔餐剩菜食前也应充分加热。

不吃毒蘑菇、河豚、生的四季豆、发芽土豆、霉变甘蔗等。禁止食用毒蕈、河豚等有毒动植物。

选购包装好的食品和罐头时，要注意包装上是否标明有效日期和制造日期，如果没有标明日期的食品尽量不要购买，这些食品无法确定是否在安全食用期内。

在选购蔬菜水果时不一定要选用外表光鲜的物品，因为外表光鲜的产品往往是大量喷洒农药的结果。

（2）食物中毒后的紧急处置

一旦发生食物中毒，必须立即采取以下措施。

一是立即停止食用中毒食品。二是对患者采取催吐、洗胃、清肠等急救治疗措施。催吐进行得越早，毒物清理得越彻底。可以用圆钝的勺柄伸进嘴里，刺激咽喉，引发呕吐。注意催吐必须在患者清醒的状态下进行。如果中毒者已经昏迷，千万不要催吐，因为呕吐物有可能被吸入气道，造成患者窒息。三要注意不能擅自用药，反复呕吐和腹泻是机体排泄毒物的途径，所以在出现食物中毒症状24小时内，不要擅用止吐药或止泻药。吐泻可造成脱水，须通过喝水或静脉补液及时补水。四要了解与中毒者一起进餐的其他人有无异常。并及时报告当地的食品卫生监督检验部门，采取病人标本，以备送检。五要注意保护现场，封存中毒的食品或疑似中毒食品。根据不同的中毒食品，对中毒场所采取相应的消毒处理。六是立即送中毒者进医院进行处理。

（3）食物中毒后的急救方法

食物中毒后的急救措施有催吐、导泻、解毒等方法。

催吐：指使用各种方法，引导促进呕吐的行为。呕吐，是人类在大自然生存进化中的一种自我保护反应，发生于食用有毒物质、变质食物、脑部损伤等之后，可以帮助身体排出毒素、减低压力等。神志清醒，且有知觉的人，通过催吐的方法可以使人排除体内有毒的物质，效果往往强于洗胃。常用的催吐方法是使用手指，按压舌根，并碰触扁桃体，使机体产生反射，并发生呕吐反应，或用双手挤压胃部以下位置，或轻拍背部对应于胃的位置等。对中毒不久而无明显呕吐者，可先用手指、筷子等刺激其舌根部的方法催吐，或让中毒病人大量饮用温开水并反复自行催吐，以减少毒素的吸收。如经大量温水催吐后，呕吐物已为较澄清液体时，可适量饮用牛奶以保护胃黏膜。如在呕吐物中发现血性液体，则提示可能出现了消化道或咽部出血，应停止催吐。

导泻：导泻法是经口进入的毒物可能经胃而进入小肠和大肠，特别是服毒时间超过八小时，或者服毒时间虽短但催吐和洗胃不彻底的患者要进行导泻，使进入肠道的毒物迅速排出，避免和减少在肠内吸收的方法。导泻时需要同时考虑病人的精神状态，只有精神较好的中毒者，才可采用服用泻药的方式，促使有毒食物排出体外。

经过简单处理后务必马上送医院或拨打120求助。如果不能确定是什么物质中毒，记得一定要保留呕吐物的样品，一并带到医院，以便医生确认，这样可以减少许多前期排查程序，对于病人的救治能起到极大的帮助作用。

4. 电梯被困的防范与自救

近些年来，在电梯里被困的现象越来越多，有的甚至出现了严重的人员伤亡。电梯困人的原因有很多，如机械故障、电器故障、电梯维修不到位、乘客使用不正确等。突然停电、承载电梯的运转电机损坏、缆绳断裂、天气原因、人为操作不当等许多情况都会导致电梯的运转不良，造成电梯被困的局面。

（1）电梯事故防范

要从重视电梯的日常检查和维护保养工作入手。一些单位对电梯维护保养不及时甚至不进行日常的维护保养，或安排非专业人士或没有取得培训合格资质的工人进行保养的现象较为普遍。电梯制造安装单位、维保企业、物业公司要切实负起责任，相互配合完成安装、质检和维保工作，及时发现问题并排除障碍，消除一切安全隐患。

电梯的制动系统等各个部件，在使用一段时间以后，如发现不及时或不定期进行维修检查，电梯系统存在的安全隐患就可能最后引发事故，排除故障的最好方法就是定期对电梯进行检修和排障。同时提高电梯设计、生产、制造的产品质量，也是消除隐患的重要内容。对于已超过使用年限的废旧老化电梯实行强制性报废，是消除电梯安全隐患主要手段。除了机械因素，人为因素同样不可忽视。在电梯使用管理中，加强电梯管理员的安全知识培训，掌握正确操作电梯的技术的同时还要加强对电梯乘客的安全使用教育，重点抓好电梯搬运、安装、维修保养、施工人员的三级安全教育。

（2）被困电梯时的自救方法

一是电梯运行不稳或速度突然加快时。这时我们要做的是快速按下每一层楼按键，如果有应急电源，可立即按下。一般来说，在应急电源启动后，电梯会马上停止下落。当电梯急剧上升或急剧下降时，由于快速重力的作用，人体会失去重心，落地后容易引起身体损伤，甚至出现全身多处骨折。这时我们应将整个背部和头部紧贴梯箱内壁，利用箱壁来保护脊椎，同时使下肢呈弯曲状，脚尖点地、脚跟提起以减缓冲力，防止多处骨折，因为韧带是人体唯一富含弹性的一个组织，借用膝盖弯曲来承受重击压力，比骨头承受压力会更大；双手抱紧颈部，避免脖子受伤。

二是电梯运行过程中如发生火灾应将电梯在就近楼梯停靠，并迅速利用楼梯逃生。当发生火灾时严禁乘坐非消防电梯；运行中的电梯进水时，应将电梯升到顶层，并迅速通知相关人员或报警。

三是被困时要保持镇定，并且安慰困在一起的人，向大家解释不会有危险，电梯不会掉下电梯槽。

四是利用警钟或对讲机、手机求援，如无警钟或对讲机，手机又失灵时，可拍门叫喊，如怕手痛，可脱下鞋子敲打，请求立刻找人来营救。

五是如不能立刻找到电梯技工，可请外面的人打电话叫消防员。消防员通常会把电梯绞上或绞下到最接近的一层楼，然后打开门。

六是如果外面没有受过训练的救援人员在场，不要自行爬出电梯。是千万不要尝试强行推开电梯内门，即使能打开，也未必够得着外门，想要打开外门安全脱身当然更不行。电梯外壁的油垢还可能使人滑倒。

七是电梯天花板若有紧急出口，也不要爬出去。出口板一旦打开，安全开关就使电梯刹住不动。但如果出口板意外关上，电梯就可能突然开动令人失去平衡，在漆黑的电梯槽里，可能被电梯的缆索绊倒，或因踩到油

65

垢而滑倒，从电梯顶上掉下去。

八是在深夜或周末下午被困在商业大厦的电梯，就有可能几小时甚至几天也没有人走近电梯。在这种情况下，最好能忍受饥渴，注意倾听外面的动静，如有行人经过，设法引起外面人员的注意。

5. 家中烧伤烫伤紧急处理

　　在家中一旦发生烧烫伤，要立即将被烫部位放置在流动的水下冲洗或是用凉毛巾冷敷，如果烫伤面积较大，伤者应该将整个身体浸泡在放满冷水的浴缸中。可以将纱布或是绷带松松地缠绕在烫伤处以保护伤口。绝对不能采用冰敷的方式治疗烫伤，冰会损伤已经破损的皮肤导致伤口恶化。不要弄破水泡，否则会留下疤痕。也不要随便将抗生素药膏或油脂涂抹在伤口处，这些黏糊糊的物质很容易沾染脏东西。家中烫烧伤可以按以下程序急救。

　　（1）冲（泡）

　　被烧烫伤后先将受伤部位用清洁的流动冷水轻轻冲洗或浸泡 10 ~ 30 分钟左右，具体时间可以根据受伤程度和疼痛程度来延长。一般的自来水就可以使用。自来水中细菌的含量不大，感染的可能很小。冷水可将热量迅速散去，以降低对深部组织的伤害。

　　（2）脱

　　在充分的冲洗和浸泡后，小心谨慎地脱掉衣物，脱不掉或是粘在皮肤上的，可以用剪刀剪开。切记不能强行拉扯附在创面的衣物，以免创面扩大，造成更大的伤害，同时还要注意最好不要把未破的水疱弄破。水泡表皮在烧伤早期有保护创面的作用，能够减轻疼痛，减少渗出。烧伤后创面及邻近部位会肿胀，所以在伤处还没有发生肿胀前把戒指、手表、皮带、鞋子或其他紧身衣物取下，以防止肢体肿胀后无法去除，而造成血液运行不畅，出现更严重的损伤。

（3）包

通过冷水浸泡，受伤部位明显减轻后，用无菌的纱布或干净的棉质布类将受伤部位包扎起来，以减少外界的污染和刺激，有助于保持创口的清洁和减轻疼痛。如果是面部烧烫伤，可以将纱布剪去眼、鼻和口的位置，再包扎。

受伤的地方有水泡时，最好不要将水泡弄破，以免造成感染，同时可以起到保护皮肤，使皮肤完整，有利于皮肤再生的修复。烧伤比较严重时，还需要包扎。

注意烫伤后千万不能揉搓受伤部位，更不能在创面涂抹肥皂、牙膏、酱油、草灰、碱面等，以免引起创面感染。

（4）送

针对烧伤面积不大、深度在一度或二度的伤者，经过简单处理后转送到治疗烧伤的专科医院进行进一步正规治疗。对于大面积、深度达二度或三度的严重烧伤病人，应立即送往烧伤专科医院治疗。

6.家中摔伤紧急处理方法

摔倒是我们日常生活中最常见的一种受伤原因。尤其是家中的老人和小孩，总免不了摔伤。严重摔伤可能带来骨折、颅脑创伤、颈椎损伤等。所以掌握一些摔伤的自救和急救处理方法非常重要。

（1）摔倒后的自救方法

正面摔倒时，人的本能会及时的为保持平衡作出挣扎，这种挣扎有可能让我们在关键时候脱离危险，但更多的时候，却会让我们失去作出更好应对措施的时间，反而遭受更大的伤害。如果摔倒无法纠正时，意识里一定要保护好自己的关节、骨头，避免这些部位与地面先接触，尽量让身体的肌肉部位先落地，毕竟肌肉受伤的可能要比关节和骨头小得多。

如果我们摔倒时是由前向后倒，这意味着摔下去受伤的是头部。大脑是人的重要器官，大脑受伤，轻则脑震荡；重则无法预料，严重的甚至会危及生命。向后摔倒时，关键要保护部位就是我们的后脑。如果向后摔倒无法纠正时，要迅速低头，双手向后作支撑，以小臂、大臂、背部依次着地，这样就能有效保护后脑不先着地。

脚部将要扭伤时。受伤无处不在。有时明明没有危险却还是在不经意中受伤。比如下楼时一不注意，脚就会扭伤。如果在下楼时一脚踩空，即将扭伤脚时，千万不要去做无谓的挣扎，最好的办法就是顺势倒地，将全身的重量分配到身体其他部位，让臀部先着地，这样就可以免脚被扭伤。

以上所说的这些自救方法，只能针对成年且年龄不大的人，老人和小孩是不适合的，老人往往来不及反应就已经跌倒，就算是头脑反应过来，身体也未必能跟上节奏，小孩更是不会有自救的思维。

（2）摔伤紧急处理

家中一旦有老人摔倒，首先，作为家属一定要要保持镇静，不要因为紧张而不知所措。这时候千万不要马上扑上去将人扶起，更不要用劲硬拉。有心血管疾病的人更不能这样拉扯，马上被扶起会造成脑出血或者冠心病加重，即便没有心血管疾病，摔倒时引起的外伤也会因为搬动而加重和压迫神经。这时候最应当做的是观察病人的意识状态，根据意识状态来判断受伤的程度。如果意识不清，四肢活动受限，应立即拨打急救电话请求救援。

7. 异物扎入身体的紧急处理方法

生活中各种意外都有可能发生，异物扎入身体就是其中一种。从创伤致伤原因来说，异物导致的机体损伤多属于刺伤，比如钢针、剪刀、铁钉、竹片、钢丝甚至钢筋、铁棍等。刺伤时皮肤的完整性遭到破坏，属于开放性损伤。

当异物刺入头部，会伤及脑组织；刺入胸背部，会伤及心、肺、大血管；刺入腹部，会伤及肝、脾。无论何种异物刺伤，何种程度刺伤，均应谨慎对待，错误的急救方法往往导致更严重的后果。

身体不小心扎进木刺、竹刺、细针等较小的异物后，伤口小而浅，特别是四肢伤口，比如手指被木刺刺伤，则需要及时将异物拔出，不宜让异物在肉体内活动，以免越扎越深，使伤口化脓、感染。

如果不慎被铁丝、钢筋、剪刀、玻璃片、笔、木棍、树枝等较硬的异物扎入身体，最好不要自己鲁莽处理，立即拨打 120 请求帮助。有条件的可以直接送医院，在医生处理之前，最好不要将异物拔出，因为这类伤害一般都会有较大的伤口，如果盲目拔出异物，有可能造成大量出血。

当异物刺入头、面部、颈部、胸部、腹部等重要部位时，千万不能在无救治的条件下拔出异物。因为如果异物伤及重要器官、大血管，长时间留存于体内虽然有加重感染的可能，但紧急情况下能起到压迫止血的作用，这个时候拔出异物可能再次损伤重要器官和血管，导致迅速不可控制的大出血。可以先想办法将异物固定，使其不摇动，不脱落，再快速送往医院。在搬运过程中一定要保持平稳，最好有专人看护刺入的异物，防止异物移动。

当铁钉刺入身体（一般以脚掌为多）时，一定不能忽视。不管是哪种异物扎入身体，都要及时处理，避免感染，造成更严重的伤害。需要注意的是如果扎入身体的部位很特殊（如心、肺、脑等）伤势很严重，现场急救的时间不能过长，不要耽误治疗时间。人体严重创伤后一小时内被称为"黄金60分钟"，在这一小时内，病人的治愈和存活率远远大于一小时后。不管现场急救有效无效，都要尽可能早一分钟将伤者送到医院。

8. 被宠物咬伤的紧急处理

如今的宠物市场已不仅仅是猫狗的时代，水母、乌龟、仓鼠、蜥蜴、蛇……越来越多小动物成为城市家庭的"新宠"。但随着天气回暖，许多哺乳动物也开始进入发情期。当它们进入发情期后，对人类就非常有威胁性。遇到特殊时期或是外界强烈刺激，宠物或会性情大变，攻击人类。很多人在与宠物近距离接触或与之亲近时一不小心就被宠物反咬一口。

如果被流浪动物、宠物或者是不能辨明其健康与否的动物咬伤后，应立即冲洗伤口。一般来讲，被宠物咬伤的伤口都不会很大，多半是闭合着，出血也不多，所以必须掰开伤口进行冲洗。即使用水冲洗伤口很痛，也要仔细地冲洗干净，以防止感染。冲洗之后要立即挤压伤口排出带毒液的污血，有条件的可以通过拔火罐排毒，一定不要用嘴去吸伤口。因为伤口不大，所以最好不要包扎，但如果伤口比较大而且深，在保证充分冲洗和消毒的前提下，做抗血清处理后再缝合包扎。

如果被猫、狗咬伤。首先不要惊慌，被咬伤后迅速、就地、反复、彻底进行冲洗，否则很容易感染。

如果是被无毒宠物蛇咬到，先用清水清洗伤口，然后涂上酒精或是碘酒消毒。之后要去医院做进一步伤口处理，并且打破伤风抗毒素预防针。

要防范宠物咬伤，平时要有防范意识。即使再喜欢的宠物，也要与它保持一定的距离，不要与它过分亲近，尤其是在宠物烦躁不安时，不要用手去摸它，更不要与它亲近。

不熟悉宠物习惯时，要尽量放慢与它接触的速度。包括喂食、洗澡，让它们有安全感，明白你不会伤害它，切忌突然有大的动作，这样会激起宠物的自我保护意识而伤害到人。

不要将宠物带到人多的地方，人太多和陌生的环境会让宠物产生警惕感，容易伤人。出门时要将宠物绳子拴牢，以免出现意外。

宠物在吃食或者哺乳时，不要近距离接触，更不要强行将宠物抱走。

还须定期给所养宠物接种兽用狂犬疫苗。

第四章

交通意外伤害的防范和急救

　　随着现代交通的快速发展，交通意外伤害事故也时有发生。懂得防范措施，掌握安全规则，熟知逃生知识，学会紧急救援技巧，对于防范交通事故、减少交通伤害意义重大。

1. 遵守交通规则，防范交通意外

严格遵守交通规则无疑是防范交通意外最重要也最有效的措施之一。交通规则能使交通秩序更规范，有效地保障交通安全。遵守交通规则要注意以下方面。

（1）横穿马路要走人行横道，要遵守人行横道信号灯的规定

绿灯亮时，可以通过人行横道。绿灯闪烁时，不要进入人行横道，但已进入人行道的可以继续通行。红灯亮时，不准进入人行横道。

（2）养成看指挥信号的习惯

从路口经人行道过马路时，由于车辆来往频繁，所以我们要养成看指挥信号的习惯。红灯亮时，禁止车辆通过时，可以横过马路，但仍需注意来往车辆，千万不要以为红灯时，交叉路口没有车辆驶过，就可以抢行穿越马路。

黄灯亮时，不准车辆、行人通过，但已超过停止线的车辆和已进人人行横道的行人，可以继续通行。绿灯亮时，准许车辆通行，不可横过马路。黄灯闪烁时，车辆、行人须在确保安全的条件下通行。

（3）遵守交通指挥棒信号

交通指挥棒是保证我们安全过马路的标志，所以一定要依照指挥棒的标志行路，以免发生交通事故，危及生命安全。

直行信号：右手持棒举臂向右平伸，然后向左曲臂放下，准许左右两方直行的车辆通行；各方右转弯的车辆在不妨碍被放行的车辆通行的情况

下，可以通行。

左转弯信号：右手持棒举臂向前平伸，准许左方的车辆转弯和直行的车辆通行；右臂同时向右前方摆动时，准许车辆左转弯；各方右转弯的车辆和 T 形路口右边无横道的直行车辆，在不妨碍被放行的车辆通行的情况下，可以通行。但行人不可通行。

停止信号：右手持棒曲臂向上直伸，不准车辆通行，这时行人可通行。但已越过停止线的车辆，可以继续通行。

（4）乘坐交通工具安全常识

①乘车前要事先了解乘车路线。

②外出乘公交，事先备好零钱，以免在车上财物外露。

③上下公交车时，人多拥挤，若遇故意推挤和借机靠近之人，一定要注意防范，这些人一定有目的。

④夜间乘车不要独自在荒凉处下车，以免给歹徒可乘之机。

⑤乘公交车时，应将皮包和贵重物品放在身前或自己视线范围内，以防歹徒趁乱扒窃。

⑥车上若遇陌生人搭讪，应避免谈论家中成员、经济、财务状况及生活作息等。

⑦乘车时外衣兜、后裤兜、背包、腰包、手提袋等这些部位最好不要放钱或手机等贵重物品，以防扒手扒窃。

⑧乘车时不要睡觉或接受陌生人的烟酒、饮料等，免得财物被盗。

2. 走路的安全自护与意外防范

道路交通事故，是突发的、意外的。即使走路也会遭遇车祸，并带来灭顶之灾。对于交通事故，必须小心提防，减少伤害。

走路时要做到：一定要在人行道内行走，没有人行道，就靠右边行走。群体行进要列队，横排不要超过两人；横过马路时走人行横道、人行过街天桥或地道，在没有这些标志、设施时，确定安全后快速通过，不要在车辆临近时突然横穿；长队伍横过马路时可视情况分段通过，可以戴上小黄帽等标志提醒过往车辆注意安全，不横过划有中心实线的车行道；走路时要注意各种信号灯的指示，尤其是路口红绿灯、人行横道信号灯和车辆转向灯的变化；当公交汽车站设在机动车与非机动车隔离设施上时，上下车要避让车辆，并直行通过非机动车道；不在路上玩耍、抛物、泼水、散发印刷广告或进行妨碍交通的活动。

横穿马路要注意以下事项：尽量走人行横道，有过街天桥和地下通道的路段，自觉走过街天桥和地下通道。通过有交通信号控制的人行横道，要遵守交通信号规定。通过没有交通信号控制的人行横道，要注意车辆，不要追逐猛跑。没有人行横道的路段，要在确认安全后直行通过。不要在车辆临近时突然横穿，或者中途倒退、折返。不要穿越、攀登或跨越隔离设施；不穿越、倚坐车行道和铁路道口的护栏；不在道路上扒车、追车、强行拦车或抛物击车；不站在马路中间与他人招呼或交谈；行走时不看手机或报纸杂志。夜间我们能够看到汽车的灯光，而驾驶员有时却看不清我们，尤其是穿着深色的衣服，所以夜间行走时要注意避让车辆，最好走车辆少而安全的地段。夜间走路对判断汽车的距离会受到视线的影响，同样的驾驶员注意力和视力也会有所下降，甚至会出现困倦、打盹开车的情况，在穿越马路或与汽车擦肩而过时要尽量远离汽车。夜间过马路要快，尤其是在没有红、绿灯等交通信号设施的路口，不要停留。

走路时要防范交通意外要特别注意以下方面。

①不得进入高速公路、城市快速路或者其他封闭的机动车专用道。

②有斑马线、人行天桥或地下通道的，必须通过这些设施到达目的地，禁止横穿街道。

③横过公路一定要尽量选择有灯光和能见度好的地方走，让驾驶人看得见，尤其是在夜晚。

④酒后行走最好有人陪伴，单独行走具有很大的危险性。

⑤通过铁路道口时，应服从铁路管理人员的指挥。通过无人看守的铁道时，在确认无火车驶临后应迅速通过。不能在铁道或铁路道口玩耍追逐，以免发生交通事故。

⑥在郊外没有人行道的公路上行走，一定要走在路边上；横过公路时，要看清楚左右没有车辆来往再走。一定要遵循"先看左后看右"的基本规律。通过没有交通信号灯、人行横道的路口，或者在没有过街设施的路段横过道路，应当在确认安全后通过。

⑦雨天打伞行走，要避免雨伞遮住视线，看不见来往车辆发生意外。

⑧不要在公路上玩滑板、溜旱冰、踢足球。

3.意外坠落下水道竖井的自救方法

下水道通常分布在居民楼楼门附近，或在主次干道正中。电信、煤气、通讯电缆等井盖则一般在人行道上。下水道大多是圆形井盖，一般会写上"雨"或者"污"字来区分其他井盖。因为城市污水管网大部分修建在行车道的下方，所以一旦发现井盖破损或者大暴雨，道路中央积水时，应及时避让，坠落下去会很麻烦甚至会有生命危险。下水管道井盖时不时地会出现损坏、被盗现象。一不小心坠入井下，除了立即向外发出信号等待救援外，我们还要想尽一切办法自救。

电话求救。在掉进下水道的第一时间，在电话还有信号和没有被水浸湿前，赶紧打电话求救。电话可以打给110、120或者身边的朋友、亲人，只要能有人接到电话，你的安全就能有保障。掉下井以后不要慌乱，更不要先盲目地去寻求出井的办法，这样会耽误很多时间，一旦电话没电或者被水浸湿，你将与外界隔绝。所以打电话比其他事情都重要，因为只有外界人知道了你的位置和处境，才会有更多的人帮助你，而不是一个人在那儿孤军奋战。

对着下水道井盖口喊"救命"。掉到下水道后，我们需要马上从慌乱害怕中冷静下来，不要盲目地叫喊，否则就算把所有的气力都消耗完也没有人听得见。我们可以仔细倾听一下周围的动静，发现有人或是车经过时，在开始呼喊"救命"，这时声音要大，传得越远越好。

向下水道井盖口抛东西。如果呼喊没有人听见，我们可以试着将随身携带的东西往井盖口抛。比如钥匙、钱包或者是其他可以发出声响的东西。如果能在井下找到棍子就更好了，这时可以将身上的衣服脱掉一件放在棍子一端，然后将棍子举高，伸出井口，外面的人就很容易发现了。

如果水太深，一定要想办法让自己身体不再往下沉，如双脚蹬在井壁，双手扣在井壁缝隙，尽量踩在坚硬的物体上。

呼救或打电话都无效后，如果有手机，可以利用手机的光亮（井下最好不要用打火机，避免硫化氢浓度过高引起爆炸）观察所处位置的环境，找到一个暂时安全的地方站稳，避免被水冲到下游。

如果等待救援的时间比较久，最好用衣物捂住口鼻，防止吸入过多的硫化氢而中毒。

尽量向"上游"移动。位置越低的地方，越会有大量堆积已久、被细菌充分分解的污水和污物。那里面会存在比其他管道中高得多的硫化氢层，很容易中毒，相反，位置越高，污物存放时间就越短，而且有毒气体的浓度会更低。当一时找不到出去的办法时，最好慢慢沿水管向高处移动，减少危险。

保存体力。呼救、寻找出口这些都消耗不少的体力，不要还等不到救援人员出现，自己已经体力不支了。所以，无论怎样，都要保存体力，合理支配体力，当然，如果身边带有食物，至少生命就有保障了。

在确保自己不被掉入更深的水中或被水冲走后，我们可以抓住井壁上的突出物，慢慢向上爬，哪怕爬不出去，能伸出手也能让自己很快被人发现并被救出。

当我们意外坠入下水道后，不要慌乱，更不要轻易放弃，哪怕只有一点点的求生希望，我们都要去努力，让自己获得救援。

4. 骑自行车意外防范和自救措施

骑自行车也存在一定的危险，如果我们不掌握熟练的骑行技巧，不按照道路行驶安全规范来骑行，就会出现意外。

（1）骑车交通意外预防措施

出行前规划好路线，根据路线的远近按时进餐。骑车是一项消耗体力的运动。骑车时避免空腹，以免引发低血糖而出现意外。

无论是上下班还是出门旅行，出发前都要全面检查车况，如刹车、轮胎、链条等，以确保骑行过程中不会出问题。同时，远距离骑行时要先进行热身活动，以免身体一些脆弱部位受伤。不贪图便宜买黑车、赃车。车铃、车闸、车锁齐全，出门前检查车胎、车闸、电瓶等是否正常。

自行车应该在非机动车道内行驶，在没有划分车辆分道线的道路上，应紧靠道路右侧行驶。在与机动车平行骑行时，尽量与机动车保持一定安全距离。

骑自行车经过红绿灯路口时，应遵守交通规则。骑自行车转弯时，必须伸手示意，确定周边环境安全后再转弯，切不可突然猛拐，伤到自己或他人。在路口或者道路宽敞地方，有汽车转向灯亮时，说明汽车要转弯了。这时，我们要注意不能靠车辆太近。此外，在骑车时，还要注意避让执行任务的警车、消防车、工程救险车、救护车。

骑车时不要双手撒把，多人并骑，不互相攀扶，不互相追逐、打闹，骑车时不攀扶机动车辆，不载过重的东西，不骑车带人，不在骑车时戴耳机听广播。骑行前先关注天气，如有大风、暴雨或雷雨天气时，最好不要骑自行车。

骑车通过公路与铁路的平交道口时，遇有道口栏杆（栏门）关闭、音响器发生报警声、红灯亮时或看守道口人员示意停止行进时，须依次停在停止线以外；没有停止线的，停在距离最外铁轨五米以外的地方；当遇有道口信号两个红灯交替闪烁或红灯亮时，不准通过；红灯和绿灯同时熄灭时，要认真观察，确认安全后快速通过，即使报警器没响，信号栏杆没有放下，也应注意，因为有时可能是设备发生故障所致；在通过无人看守的道口时，须下车观望，确认安全后再通过。

最好随时携带骑行装备，如头盔、手套、维修工具等系列物品。雨天骑车，最好穿雨衣、雨披，不要一手持伞，一手扶把骑行；雪天骑车，自行车轮胎不要充气太足，这样可以增加与地面摩擦，不易滑倒，前方有车辆时，应与车辆保持较大的距离；如有行人，要按铃提醒路人。

（2）骑自行车发生意外后的自救措施

下雨天路滑、雪天刹车失灵、个人状况不佳等各种原因都会导致骑自行车时出现意外摔倒而受伤。受伤后我们该如何自救？

确认环境安全，确保无二次伤害发生。不管在哪里摔倒，自救前都要确认环境安全。比如在野外摔倒时，要看看周围有没有滚落石头、即将坍塌的土坎、甚至有无攻击性的野兽存在，这些都是采取自救前要注意到的。

检查伤势。骑自行车摔倒最容易伤到的是头、四肢和关节。摔倒后先不要挣扎着爬起来，除了看得见的外伤，还要试着活动四肢，看活动是否受限，如果四肢能够不受限地活动，证明伤势不重，没有骨折现象，反之，则有可能骨头受到损伤。

外伤处理。用饮用纯净水冲洗伤口，如果没有随身携带纯净水，应尽快找到水源，将伤口冲洗干净，使伤口部位没有多余的血迹和尘污，然后用棉签清理伤口及周围的水迹和血迹，最好先用一根棉签轻轻擦拭伤口一次后再清理第二次，一定要让伤口在用药之前处理干净，避免伤口感染，没有棉签，可以用干净的手帕代替。如果伤口大且流血多，用手帕（没有手帕撕下衣服边作布条）将伤口上方包扎，止血。

骨折处理。如果是四肢骨折，可以就近取一些树枝代替夹板，同样用衣服的布条来固定。

拨打急救电话，告知对方你的准确位置、受伤情况、做了哪些处理以及目前的精神状态，以便救护者寻找和制订救援方案。

骑自行车出门，不管距离远近，除了戴上必要的防护用品，最好带上急救包，以便出现意外时及时进行自救。

5.自驾车安全必知和车祸预防

行车安全是交通安全中至为重要的一环。随着社会的发展，自驾车出行的人越来越多。但如果不守规则、不重视安全，那么意外事故也就会在所难免。所以，自驾车更需要高度重视安全，严格遵守驾车规范，安全行驶，防范意外事故。

（1）自驾车安全必知

一是出发前对车辆进行检查。出发前要对车辆进行仔细检查，保证车辆安全状况良好。否则，一旦车辆在路途出现毛病，不但会影响旅程，增大经济开支，而且会给交通安全埋下隐患，甚至发生交通事故。检查内容包括"三油"（汽油、机油、齿轮油）"两液"（防冻液、制动液）是否符合要求；"五灯"（前大灯、前小灯、转向灯、雾灯、制动灯）是否齐全完好；轮胎气压是否正常，轮胎是否破损；各种油管有无破裂，是否有渗漏现象；风扇皮带有无损伤，松紧程度是否合适；随车工具是否齐全。

二是高速公路行车切忌超速。高速公路行车易产生疲劳，驾驶员应急能力也随之下降，一旦出现突发事件，很难应付。越是平顺的大道，越有可能发生意想不到的事故。所以在高速公路上，切忌超速驾驶，最好不要长时间在超车道上行驶。

三是严禁疲劳驾驶。自驾比坐车更方便自由。但是自驾也并不是毫无限制。比如有的人为了早点赶到目的地拼命赶路，导致严重疲劳。这种状况很容易出现意外事故。因为人在过度疲劳后判断能力与应急能力都会大大下降，即使很希望早点到达目的地，也要以安全为前提，没有了安全，什么都是空话。为了防止疲劳驾驶，出行前，要保证有足够的睡眠，实在要赶路，最好有两人以上轮流开车，这样驾驶员就轻松得多。同时要尽量保持驾驶室与外界的空气流通，保持适宜的温度和湿度。如果出现疲劳驾驶，要立即停车休息 20 至 30 分钟，活动一下肢体，待完全清醒后，再上路行驶。

四忌空挡滑行。在下长坡时一定不能空挡滑行，如果长时间处于下坡路段，驾驶员在控制车速时若频繁使用制动踏板，轻者使制动效能降低，重者则使制动失灵。所以一定不要为节油而考虑空挡滑行。长下坡时要挂上所需车速的挡位，充分利用发动机的牵阻作用控制车速，这样可以有效地避免频繁踩制动，导致刹车失灵。

五要禁止酒后驾驶。法律已经明文规定，酒后开车属于违法行为。饮酒后人的血液酒精浓度会增高，中枢神经被麻痹，身体失去平衡，自制能力降低，出现视力下降、视线变窄，理性缺失，判断失误，反应迟钝，动作缓慢等现象，极易发生驶出路外、车辆侧翻、会车刮擦、迎面碰撞、碾压行人等恶性交通事故。与其出现事故后后悔，不如先规范自己的行为，安全出行。

六要注意涉水安全。如果旅途中遭遇需要涉水的路况时，首先要考虑的是水面是否超出车辆的通行能力，对于大多数轿车来说，当水深超过汽车轮胎高度一半时，就不宜冒险涉水。如果必须通过，则必须以低挡匀速行驶，驾驶中要保持发动机有足够的动力，避免中途停车、换挡或急打方向盘。驶出水面时，低速行驶一段时间，并轻踏几次制动踏板，让制动蹄片与制动鼓发生摩擦，使附着的水分受热蒸发，待制动效能恢复后，再转入正常行驶。

开车时不要做其他事情。有的司机在开车久了后喜欢点上一支烟用来提神。但从取烟到点火的过程至少有三次以上是单手握方向盘，这是很危险的动作，而且点燃会分散司机的注意力，对瞬间的突发事情来不及作出反应，这往往是造成事故的原因。还有的人在开车时拨打手机，这同样是很危险的。如果实在需要拨打手机，可以选择将车停在安全地段再进行。

七忌随意停车。大家都知道，高速路都有紧急停车带，是用来停靠车辆，供司机排查隐患的。但部分驾驶员安全意识淡薄，把紧急停车带当作停车场，随便把车往路边一放，睡觉休息。这些行为给道路行车安全带来了巨大的隐患，造成事故。

八忌盲目出行。一些人喜欢带上家人、朋友自驾游。这本来是很幸福愉快的事情。但是如果出发前没有足够的准备工作，一旦上路，就会有无尽的麻烦。出发前，对所经过的地区的历史、风土人情等要有一定的了解，以免因为不懂当地人的风俗习惯而发生误会；出门前带好人与车的有效证件：身份证或护照、行驶本、驾驶本等相关证件；检查车辆：机油、三滤、备胎、备用油桶、食品、饮用水；有条件的对车辆进行旅行前保养；检查修车工具是否齐全，千斤顶、拖车带、换胎扳手，带好急救药箱、应急灯、指南针、警示牌、汽车救援卡等；准确知道去往地的天气情况；大雨、大风、大雪等恶劣天气下行车难度会大大增大，轮胎附着系数下降，刹车不灵，制动距离延长，致使方向失控，容易发生多种意外事故，遇到恶劣天气时，最好不要贸然出行，以防交通意外。

九忌无礼会车。会车时做到"礼让三先"——先慢、先让、先停，不抢行争路，一般情况下的会车规则是空车让重车，单车让拖挂货车、大车让小车，货车让客车，教练车让其他车辆，普通车让执行任务的特种车，下坡车让上坡车。车辆在没有设置中心分隔护栏的道路行驶，与前方来车交会时，应适当降低车速，并选择比较空阔、坚实的路段，靠路右侧缓行交会通过，夜晚应开近光灯，忌会车时使用远光灯。强烈的远光灯会干扰对方视线，引起事故。

十忌抢行超车。超车应选择道路宽直，视线良好、道路两侧均无障碍，被超车前方 150 米以内没有来车，并在交通法规许可的路段下进行。超车时，须先开左转向灯，向前车左侧靠近，并鸣喇叭通知前车，确认安全及前车让车后，加速并与被超车辆保持一定的横向间距，从左侧超越。超越前车后，不要立即回到原车道，在超出被超越车 20 米以外开右转向灯，驶回原车道。

（2）自驾车的车祸防范

出车前应详细了解途经道路、环境状况，优选最佳路线，预测途中风险，提前做好预防措施。应当尽可能避开复杂事故多发路段，减少道路环境风险。

做好出车前的安全检查，确保车辆安全技术状况良好和行车证件齐全有效。特别是车况务必保证良好。根据行驶距离，自我调整身体状况和精神状态，确保精力充沛、精神饱满和心情平静。切勿心情浮躁、酒后和疲劳开车。车辆起步前，要认真观察车辆周围情况，确认安全后，系好安全带，方可行驶，一定不要盲目起步和倒车。

行车途中要集中精力，谨慎驾驶，认真观察判断，与车辆、行人保持足够的安全距离，处理情况要沉着冷静，提前减速。千万不要有麻痹侥幸、超速行驶、跟车过近和横距过小的情况。

超会车辆时要准确判断相互车辆间的距离和超会车辆速度、行驶动态，提前发出超车信号，尽量避免"三点"或"多点"交会。冰雪路滑路面尽量不要超车，若确需超车时，应选择合适路段，准确判断车辆动态，提前轻打方向进入超车道，缓慢提速，并加大安全横距，避免有会车可能时超车。超车后缓慢降低车速，并轻打方向驶入行车道。谨防车辆侧滑、甩尾。

通过路口时要严格遵守灯光信号或通行规则，注意避让车辆、行人。切勿争道抢行，强行通过。行经村庄、学校、繁华街道或城乡结合部等路段时，要减速慢行，注意观察判断，随时做好预防措施。谨防儿童、学生玩耍打闹或车、马、行人争道抢行、截头猛拐、突然横穿或其他意外情况发生。

雨、雪、雾等恶劣天气尽量不要长途外出。在雨、雪、雾等恶劣天气或冰雪、泥水道路上行驶时，应严格控制车速，掌稳方向，加大安全车距，操作方向、油门、刹车要轻缓，切勿急打方向、刹车过急过死和猛踩、急抬油门。

长途行车应沉着冷静，中速行驶，注意休息调整和检查车辆，尽量不要夜间长途行车。切忌心急赶路、超速行驶和疲劳驾驶。午饭后应尽量稍作休息调整再上路行驶，若饭后急需上路，应采取措施振作精神，避免饭后因瞌睡、精力不足、注意力分散而发生事故。夜晚、黄昏行车要减速慢行，注意观察；超会车辆时应沉着谨慎，降低车速，合理使用灯光，切勿忽视视线盲区，特别注意因光线对射形成的"人间蒸发"现象。夜间尽量不要长途行驶。

车辆转弯、调头、停车或变道行驶时，要注意观察来往车辆和行人，遵守通行规则，给后方来车、行人留有安全距离。切勿强行转弯、调头和随意变道。高速公路行驶应控制车速，保持安全车距，注意调节注意力，按规定行车、超车、变道和应急停车，防止视觉疲劳、注意力分散。切忌观察不清，盲目侥幸超会车辆。

新手驾车要放松精神，遇紧急情况不要慌张，冷静处理。遇恶劣天气和复杂危险道路，切勿驾车。一慢、二停是最好的措施，无把握的事情勿盲目处置。车辆不要随意停放。停放车辆要找安全位置，留出前后左右车距，拉紧手刹，关好门窗。

参加宴会最好搭车前往，不要驾车，切勿抱有方便、潇洒和侥幸心理。切记：酒后驾车，害人害己。

发生事故不要惊慌失措，应立即停车保护现场，抢救伤者，控制事态发展，并拨打"122"报警。无伤亡事故可找保险公司或双方协商处理。

6. 汽车坠落水中的自救措施

汽车坠落水中的情况并不常见，但却很危险。掌握必要的落水后的紧急处置措施，对于自救逃生是相当重要的。

①当你意识到自己的汽车已经驶离路面，即将落水时，要立即做好心理准备，不要让自己思维混乱，双手抓紧扶手或椅背，让身体后仰，紧贴着靠背，随着车体翻滚。避免汽车在翻滚入水之前，车内人员被撞击昏迷，以致入水后，无法自救而死亡。车辆落水后车身不会马上下沉，车辆也不会马上断电，此时要立即打开电子中控锁，打开车窗和天窗。不管是白天还是晚上，如果车掉河里，在车里的喇叭还可以用的时候，尽量一直按着，引起路人的注意，这样获救的机会就大了。

②解开安全带。安全带会束缚身体自由，如果不及时解开，会被困车内无法脱身。如果车内有小孩，要尽快替他打开安全带，大的孩子先解开，再让他们相互帮助解开安全带，为逃生赢得时间。

③不要企图用手机求救。大多数人在汽车落水时首先想到的是用手机求救。这是错误的。汽车落水的时间很短，在慌乱中找到手机，再解锁、拨打、等待，这些时间与下沉的汽车相比太长了，汽车从入水到完全下沉不超过三分钟甚至更短。所以这时一定不要寄希望于手机，赶快逃生才是正确的。

④不要去开车门。由于水的压力作用，车门一时半会儿可能打不开，在有电的情况下，打开车窗，从车窗快速离去。记住，打开车窗后车子五到十秒钟的时间就会沉入水底。

⑤车窗在断电前没有打开的情况下，要迅速找到利器砸碎车窗外逃。记住不要去砸挡风玻璃、不管什么样的汽车，前挡风玻璃较后挡风玻璃、边窗玻璃要牢固得多，在汽车设计时，前挡风玻璃就有防止发生交通事故猛烈撞击，而导致玻璃大面积脱落伤害驾驶员和乘客的功能，所以在短时间内敲碎前挡风玻璃，又要有足够的大小使人穿洞而出几乎是不可能的。所以要砸碎门窗玻璃。砸玻璃时要在边窗玻璃的下端猛击，如果有坚硬物就用坚硬物，如果没有就用手的肘部或者女性的高跟鞋，在边窗玻璃的下端猛击下去。选择下端是因为边窗玻璃下端被击碎，这个玻璃就会往下掉，不需要多次敲打，为逃生节省时间和力气，当玻璃口足够人出去时，就赶紧从洞口游出。

⑥利用天窗逃生。如果落水时第一时间已经打开了开窗，那么，就不要费劲去砸玻璃了。直接从开窗逃生要简单得多。如果有小孩子的，先将孩子送出去，自己再从天窗爬出去。

⑦尽快浮出水面。从车内逃出来后尽量迅速地游出水面。如果不知道哪个方向，就寻找光亮或者是看到气泡上升的方向。游出水面时注意水内环境，小心水草或其他杂物绊住。如果是在冰面，就必须径直向车子造成的大洞去游。一定要尽量避免受伤，全力迅速地浮出水面。

⑧如果水不深，尽量到高处保持呼吸，等待救援。如果车掉到水不深的地方，可以及时地把头升到外面去，这样可以呼吸到空气，不用在水里挣扎，安心等待救援。

⑨如果车的后备箱有打开装置，那么，可以从后备箱逃生，并且，后备箱沉水的速度要比车头慢，这样赢得逃生的时间更多。但并不是每辆车的后备箱都有打开装置。

⑩拨打急救电话。当从车内逃离后，立即拨打求救电话，请求救援。

意外落水后，一定要保持冷静的头脑，快速积极地寻找逃生方法，不要失去信心，更不要轻易放弃。

7. 汽车起火的紧急处置方法

汽车起火的原因很多，人为因素、机械故障、化学反应、天气炎热等都有可能造成汽车起火。不管是哪种原因的起火，我们要做的就是逃生和灭火，防止事态扩大。

（1）汽车发动机起火的处置方法

发动机过热会引起汽车起火。汽车发动机本身不足以过热到让汽车起火的温度。不过它能够让同处于发动机舱的冷却液、机油等液体超过标准的工作温度。一旦发生这种情况，这些液体将会溢出并将发动机舱喷洒得到处都是，与其他的高温元件接触后，发生起火；燃油系统泄露也会引发汽车起火。车中各类油液都具有易燃性、毒性、腐蚀性等特性，而燃油包含所有这些特性。防止燃油系统引发起火的唯一措施就是良好的维护，防止燃油系统泄漏。

当汽车的发动机着火时，驾驶员应切断车内电源，马上下车，同时催促同车人员下车，在火势还没有完全蔓延开来的时候拿出灭火器对准发动机的火焰根部猛攻，迅速扑灭发动机上的明火，但当火势加大，已经无法用车中灭火器扑灭时，应立即组织同车人员远离汽车，以免被火伤到。

（2）车上货物着火的处置办法

汽车上的货物着火属于人为因素。当车上的货物着火时，驾驶员应单独驾驶车辆驶离人员集中场所，并马上拨打119向消防队报警。如果火势不大，个人力量可以控制的情况下，可使用随车携带的灭火器进行灭火并将燃烧物与未燃烧物隔离。当火情得不到有效控制越来越大时,应停止扑灭并劝阻群众停止围观,马上离开,避免爆炸带来的危害。

(3)汽车在加油站起火时的处置办法

如果汽车在加油站加油着火,应立即停止加油(不光是起火车停止加油,所有车辆都必须停止加油)。驾驶员要迅速将车开出加油站。无论火势大还是小,不要先冒险扑灭,一定要先把汽车开离加油站再进行扑灭,否则会引起更大的灾难。开离加油站后用随车灭火器或衣服扑灭油箱上的明火。如果地面上有散流的油料在燃烧,应用加油站的沙子扑灭。

(4)汽车被撞发生起火时的处置办法

当汽车被巨大的力量撞击时,会引发火灾。因为撞击力量大,车上的人员可能已经受伤,这时救火与救人要同时进行。如果车门还能打开,应迅速将车上的人员转移到安全的地方,并通知120急救。如果车门打不开,要想办法让受伤人员从车窗逃出来,并到安全地方避难。因为撞击后的车辆随时有可能发生爆炸,所以这时候最好请求119消防战士的援助,只有专业的救援人员和专业的设备才能扑灭大火。

(5)汽车在停车场着火时的处置办法

停车场车辆较多,如果起火车辆火势不大,可以在短时间内扑灭,则不用考虑其他车辆。如果火势大或者扑灭中火势仍在扩大,则要立即组织人员疏散周围停放的车辆或者将起火车辆开离车辆多的地方。如果停放在停车场角落时,应立即疏散与之相连的车辆。

(6)公共汽车起火时的处置方法

起火的是公共汽车时,面临的是巨大的危险。一方面公共汽车上人多,另一方面,公共汽车的停靠点一般都是人群聚集的地方,同时还要防止汽车因为燃烧而爆炸。所以当公共汽车着火时,首先要考虑稳定乘客的情绪。司机要立即打开车门,组织乘客迅速下车,如果车门不能打开,乘客应用破窗锤砸开窗玻璃并从车窗跳出。同时应马上报警。如果火焰封住了车门，车窗因人多不易下去，可用衣物蒙住头从车门处冲出去。如果衣服着火，可以迅速脱下衣服，用脚将衣服的火踩灭，也可以用衣物拍打或用衣物覆盖火势以窒息灭火，或就地打滚压灭衣服上的火焰。

从发现汽车起火到扑灭，我们需要掌握七个步骤：熄灭发动机；拉紧手刹；打开车门，逃离车厢；取出随车灭火器查看着火部位；对准起火部位，喷洒灭火剂进行灭火；火情严重时，及时拨打"119"。

8. 乘火车安全防护及意外逃生

火车已经成了大众出行最方便的交通工具之一。外出务工、上学、旅游、探亲和出差都少不了要坐火车。所以必须了解乘坐火车的安全知识和意外逃生知识。

（1）乘坐火车安全防护措施

买票时：不要与他人拥挤，仔细清点自己的钱物，拿到票后核对清楚再离开。提醒不要在买票时拿出大量的现金，以免被不法分子盯上。购买实名车票要到指定售票点。不要从私人兜售者那里买票；一旦发现购买了假车票、高价票，或者发现财物被盗、被骗、被抢及其他可疑情况，应迅速向车站民警或列车乘警报警。

候车时：不要与他人交谈关于个人信息及隐私的事情。不要把自己的手机号码、家庭住址、住宅电话轻易告诉他人，防止家中老人上当受骗。

上车时：车门口人多拥挤，当旅客争先恐后地往车上拥，不要与他们争抢，小心保管自己的钱物及手机。尤其是手机，一旦被盗，大部分信息都会流失，造成以后的麻烦。

车厢里：在车厢走动时一定要有防范意识，扛着行李包要看好自己的钱包和手机。

乘车时：乘车不要吃陌生人的东西，夜间行车睡觉前要关闭好车窗。不要在车门和车厢连接处逗留，那里容易发生夹伤、扭伤、卡伤等事故。

（2）乘坐火车遇意外时逃生方法

当意外发生时，我们首先要做的就是离开车厢，到安全的地方避难（除非车站人员通知不必下车）。

利用逃生窗。火车上每节车厢中有四个紧急逃生窗（有红点的玻璃窗），旁边配备了安全锤。当出现意外的时候，乘客可以紧急使用。方法是握住紧急破窗锤把手，敲击紧急逃生窗红色圆圈提示位置，出口的玻璃有特殊涂料，可以避免敲碎的时候四处溅射和尖角伤人，而且只会向车厢外侧方向倾倒碎裂，打开逃生窗口后，迅速逃出车厢。

利用紧急制动阀。在铁路客车车厢的端部，有标明"危险！勿动！"的红色手把，这就是"紧急制动阀"。紧急制动阀的作用是迫使行驶中的列车采取紧急制动。使用紧急制动阀可避免突发事件引起的行车事故。铁路行车部门规定，列车行驶中，在一般情况下只有列车长、乘警、检车乘务员等才有权使用紧急制动阀，旅客是不能随意拉阀的。但在列车发生影响行车安全的情况下，乘客可将紧急制动阀向外、向下拉动，司机和乘务员室显示屏会立马显示报警信息，进行处理。

利用应急梯。动车组列车配备应急梯，用于列车出现特殊情况停靠于非站台处，旅客可以从动车组转移到地面上。使用应急梯时，旅客应该听从工作人员指挥，排队有序通行。旅客若挤在动车组门口则易发生踩踏等事件。

利用安全渡板。主要用于将旅客从故障动车组转移至相邻线路的动车组。动车组在轨道上停稳后，启动车门，将安全渡板搭在两列列车对应车门之间，确认架设稳固后由专人进行防护。列车长马上通过广播让乘务人员疏导旅客换乘，通过安全渡板快速通过。

防火隔断门。列车一旦发生火灾时，旅客可手动操作门板侧面拉手把隔断门拉出，将相邻的两节车厢隔断。避免浓烟呛到其他车厢的旅客，也能集中区域扑灭火苗。

火车失事前通常没有什么迹象，但是急刹车的瞬间乘客能感受到严重冲击，此时应立即采取自救措施。

远离车门，或者趴下的同时抓住牢固的物体，以防被抛出车厢；低下头，下巴紧贴胸前，以防颈部受伤；如果是火车出轨，不要跳车，以防止被火车压住或者高速下受伤；火车停下来后，如果座位不靠近门窗，可保持不动，若接近门窗，则应尽快离开，下车后观察周围的环境，不要在火车周围徘徊，等待救援人员的到来；如果火车与其他物体发生碰撞，上身尽量向前倾，胸部紧靠膝盖，头靠在前排座位椅背上，双手置于头顶，手掌重叠在一起，前臂贴在脸颊上，这样的姿势在碰撞时能尽可能让自己减少伤害。逃生时不要挤到拥挤的人群中去，选择人群边缘行走，若被人群挤倒在地一时无法站起来，应立即十指交叉相扣、护住后脑和颈部；两肘向前，护住双侧太阳穴；双膝尽量前屈，护住胸腔和腹腔的重要脏器，侧躺在地。

9. 车祸伤害的紧急处置

发生车祸，要做紧急处置。

一是放置警示牌。摆放警示标志的重要作用就是可以防止连环车祸发生。在离事发现场至少 50 米处放置明显的警示牌，高速公路上应在 150 米外设置警示牌。特殊情况如雨天或道路转弯处，应增加警示牌与事发现场的距离并打开车灯，以防继发性车祸。若没有警示牌，可用备用轮胎代替，并呼叫 120。

二是谨慎移动伤者。不要随意移动伤员，若伤员正身处危险境地，如燃烧的汽车内、车辆较多的马路上时，救助者应以不扭动伤员体位的方式，将伤员移到安全的地方。注意应该平行搬运。对伴有骨折的伤员进行骨折固定处理。

三是注意保护自己和伤员。在车祸救治现场，不仅要冷静理智，而且还要注意自身安全，保护伤员安全。车祸发生现场，周围环境通常较复杂，救助者要特别注意保护自己。伤员常伴有颈椎损伤，在搬运伤员的过程中，注意固定伤员头颈部，以免造成二次伤害。

10. 乘船安全防护及意外应急逃生方法

船是重要的水上交通工具。不论是游玩、出差还是办事，只要走水路，就少不了乘船。水上（尤其是海上）风浪大、暗礁多，危险总是让人们防不胜防，所以在乘船前我们要掌握一定的防护和应急逃生方法，以防万一。

（1）翻船时的逃生自救措施

当遇到风浪袭击时不要慌乱，要保持镇静，不要站起来或倾向船的一侧，要在船舱内分散坐好，使船保持平衡。若水进入船内，要全力以赴将水排出去。

如果发生翻船事故，要懂得木制船只一般是不会下沉的。人被抛入水中，应该立即抓住船舷并设法爬到翻扣的船底上。在离岸边较远时，最好的办法是等待求助。

玻璃纤维增强塑料制成的船翻了以后会下沉。但有时船翻后，因船舱中有大量空气，能使船漂浮在水面上，这时不要再将船正过来，要尽量使其保持平衡，避免空气跑掉，并设法抓住翻扣的船只，以等待救助，这也是一种自救的办法。

海上遇到事故需弃船避难时，首先要对浮舟进行检查，清点好带到浮舟上去的备用品，将火柴、打火机、指南针、手表等装入塑料袋中，避免被海水打湿。根据一般原则，在最初 24 小时内应该避免喝水、吃饭，培养自己节食的耐力。长期在海上随风漂流时，容易生水疱、皮炎和眼球炎症等。此刻，不要将水疱弄破，最好消毒后待其自然干燥。对于皮炎和眼球炎症，要避免阳光直射。坐在浮舟上时间过长，会感到不舒服，所以坐久时要活动活动手脚，使臂肘和肩膀的关节、腿部的肌肉得以放松。同时，应注意保暖，不要被海水打湿身体。

（2）船体下沉遇险时的自救

船艇有时会撞到礁石、浮木或其他船只，可能导致船体洞穿，但是并不一定马上下沉，也许根本不会下沉。除非是别无他法，否则不要弃船。一旦决定弃船，请在工作人员的指挥下，先让妇女儿童登上救生筏或者穿上救生衣，按顺序离开事故船只。穿着救生衣要像系鞋带那样打两个结。手机、信号弹和燃烧的衣物都可以发出求救信号。

如果来不及登上救生筏或者救生筏不够用，不得不跳下水里，就应迎着风向跳，以免下水后遭飘来的漂浮物的撞击。跳时双臂交叠在胸前，压住救生衣。双手捂住口鼻，以防跳下时进水。眼睛望前方，双腿并拢伸直，脚先下水。不要向下望，否则身体会向前扑摔进水里，容易使人受伤，如果跳的方法正确，并深吸一口气，救生衣会使人在几秒之内浮出水面，如果救生衣上有防溅兜帽，应该解开套在头上。跳水一定要远离船边，跳船的正确位置应该是船尾，并尽可能地跳远，不然船下沉时涡流会把人吸进船底下。

跳进水中要保持镇定，既要防止被水上漂浮物撞伤，又不要离出事船只太远。如果事故船在海中遇险，请耐心等待救援，看到救援船只挥动手臂示意自己的位置。在江河湖泊中遇险，如果很容易游上岸边，请尽力游向岸边。如果水速很疾，不要直接朝岸边游去，而应该顺着水流游向下游岸边，如果河流弯曲，应游向内弯，那里较浅并且水流速度较慢。请在那里上岸或者等待救援。

危急时刻人能想起的任何一个电话可能都有帮助，不管是110、120、119还是SOS或者家人的电话都可以拨打。打电话时尽量保持冷静，告诉对方自己的位置和出现的险情。

（3）跳水逃生自救的方法

意外水运事故发生时，来不及利用救生设备不得已跳水逃生时，应掌握以下方法。

跳水前尽可能发出遇险求救信号。请牢记海上搜救中心的报警电话：区号＋12395。跳水前尽可能向水面抛投漂浮物，如空木箱、木板、大块泡沫塑料等，跳水后用作漂浮工具。多穿厚实保温的衣服，系好衣领、袖口；如有可能，穿上救生衣。

跳水时，两肘夹紧身体两侧，一手捂鼻，一手向下拉紧救生衣，深呼吸，闭口，两腿伸直，直立式跳入水中。千万不要从五米以上的高度直接跳入水中，尽可能利用绳梯、绳索、消防皮龙等滑入水里。

跳水后要尽快游离遇难船只，防止被沉船卷入漩涡。跳水后如发现四周有油火，应该脱掉救生衣，潜水向上风处游去；到水面上换气时，要用双手将头顶上的油火拨开后再抬头呼吸。

在水中不要将厚衣服脱掉；如果没有救生衣，尽可能以最小的运动幅度使身体漂浮；会游泳者可采用仰泳姿势，尽可能集中在漂浮物附近。两人以上跳水逃生，尽可能拥抱在一起，减少热量散失、互相鼓励、易于被发现。有救助船只或过路船只接近时，利用救生哨等呼叫，设法引起对方注意，争取尽早获救。

（4）救生衣的使用方法的临时自制救生用具

两只手穿进去，将其披在肩上；然后将胸部的带子扎紧；将腰部的带子绕一圈后再扎紧；将领子上的带子系在脖子上。

在水中漂浮时，如果没有现成的浮袋或救生衣，应该利用穿在身上的衣服做浮袋或救生衣。可以使用的有大帽子、塑料包袱皮、雨衣、衬衣、化纤或棉麻的带筒袖的上衣等，甚至可以将高筒靴倒过来使用。但应注意不要将衣服全部脱掉，以保持正常的体温，具体方法为：要在踩水的状态下，进行如下活动，用皮带、领带或手帕将衣服的两个手腕部分或裤子的裤脚部分紧紧扎住，然后将衣服从后往前猛地一甩，使其充气。为了不让空气漏掉，用手抓住衣服下部，或者用腿夹住，然后将它连接在皮带上，使它朝上漂浮。如果用裤子做浮袋，将身子卧在浮袋上，采用蛙泳是比较省力的；如果穿着裙子，不要把它脱下来，要使裙子下摆漂到水面上，并尽力使其内侧充气。

（5）水上遇难时信号工具的作用

在江河或海上遇险后，有效地利用各种信号工具，发出求救信号，会加大得救的可能性。可以利用铁或闪光的金属物，将阳光反射到目标物上去。如果阳光强烈，反射光可达 15 公里左右，而且从高处更容易发现。铝制尼龙布。铝制尼龙布的反光性强，从远处就能发现，而且也容易被雷达所发现。

利用信号筒发出求救信号。白天用的信号筒会发出红色烟雾，晚上用的会发出红色的光柱，燃烧时间约 1～1.5 分钟。夜间在 20 公里外都能看到，白天在 10 公里内才能看到。也可以用防水手电筒求救。这是一种小型的手电筒，可以在夜间发出信号，但最多只能照射 2 公里左右。白天还可以自制信号旗求救。可以将布或色彩鲜艳的衣服绕在长棒的顶端作为信号旗使用。有海上救生灯可以用之求救。海上救生灯点着后靠海水来发光，将其浸入海水可连续发光 15 小时，在 2 公里远的地方就可以发现，这种灯寿命为 3 年。

为安全起见，乘坐水上交通工具首先要乘坐正规船舶，不能携带违规物品，乘船时要听从指挥，排队有序乘坐。遇到风浪袭击，要保持镇静，在船内分散坐好，以避免危险。

（6）船上失火应急逃生方法

船上一旦失火，由于空间有限，火势蔓延的速度惊人。这时要听从船长或其他工作人员的指挥，安全撤离。先让妇女儿童登上救生筏或者穿上救生衣，按顺序离开事故船只。若是甲板下失火，船上的人须立即撤到甲板上，关上舱门、舱盖和气窗等所有的空气口，阻止空气进入，然后在甲板上或者其他容易撤退的地方进行扑救，一旦发现火势无法控制，抓紧时间寻找救生设备，从船尾跳到水中或者撤到救生筏上，然后尽快远离出事船只。起火后要用湿手巾或湿棉织品捂住口鼻，向起火的上风位置逃避烟火，然后选择安全的地方弃船入水或上救生筏。

11. 乘飞机安全要点及空难事故自救原则

虽然飞机的事故发生率远远低于汽车、火车等交通工具，但由于飞机的特殊性，一旦发生事故就会造成较严重后果，学会逃生自救知识也是极为重要的。

（1）乘坐飞机安全必知

选择直飞班机。有统计表明，大部分空难都发生在起飞、下降、爬升或在跑道上滑行的时候，减少转机也就减少这些可能发生事故的过程。

选择大型飞机、大航空公司。飞机越大，国际安全检测标准就越高。大的航空公司管理更为严格，人员更为专业，而在发生空难意外时，大型飞机上乘客的生存概率也相对较小飞机要高。

熟记安全指示。乘客上了飞机之后要认真听空乘人员的安全指示，不同的机型因设计不同逃生门位置都不同，熟知安全指示，一旦发生危险不会措手不及。

选择离逃生口近的座位。当空难发生时能在短暂的时间内逃出是活命的关键。选择离逃生口近的座位可以为自己争取宝贵的时间，五步以内为最佳。

大件行李不要随身带上飞机。近些年越来越多乘客为了节省等行李的时间，喜欢把大件行李随身带上飞机，这是不符合飞行安全的行为。如果飞机遭遇乱流或在紧急事故发生时，座位上方的置物柜通常承受不住过重物件，许多乘客都是被掉落下来的行李砸伤头部甚至死亡。

随时系紧安全带，学会解开安全带。在飞机翻覆或遭遇乱流时，系紧安全带能为乘客带来更多一层的保护，不至于在机舱内四处碰撞。安全带可以让你在遇到气流的时候得到保护。必须全程系好安全带。学会解开安全带是为了方便遇到危险的时候能够争取宝贵的时间用来逃生。不要携带危险物品上飞机。凡是违禁物品都不要带上飞机。

发生意外保持冷静，听从指挥。冷静就能做出正确的判断，但意外发生时一定要保持冷静和警觉，听从空服人员的指挥迅速离开，为逃生争取最多的时间。

（2）发生空难事故后的自救技巧

空难事故与其他事故相比，受伤会更严重，而且伤亡也更大。从统计数据来看，在大多数空难中都是有人生还的，但犹豫不决或是没有掌握正确的逃生知识会致人死亡或者受伤。所以在飞机失事后宝贵的最初几分钟里，正是能否得以逃生的关键时期。

及早发现飞机故障前兆。飞机失事的前兆：机身颠簸；飞机急剧下降；机舱内出现烟雾；机身外出现黑烟；发动机关闭时，一直伴随的飞机轰鸣声消失；高空飞行时发出一声巨响；舱内尘土飞扬等。

事先要做好计划并保持冷静，这样在混乱中就更有可能生还。上飞机后要数数离前方和后方的出口各有几排，这样一来，在冒着浓重的烟雾在地上爬行的时候，就能知道什么时候会到达出口了。在配备了救生衣的飞机上，要检查座位有没有救生衣（有些座位的救生衣可能会被乘客当做纪念品偷偷带走）。

学习防冲击姿势，做好防冲击准备。研究显示，防冲击姿势确实是有用的，但必须做得准确。正确的姿势是身体弯曲，让头部贴近膝盖。双手放在后脑勺上，不要放在额头上，因为如果撞到前面的座位，手可能会被撞伤，要避免伤到手指，这样才能解开安全带。把脚平放在地上，向后滑到座位下面。

105

注意红灯。飞机上的过道灯是红色的，但这种红灯表示出口，而不是危险信号。使用红灯是为了在烟雾中看得更清楚。

及时打开翼上舱门。打开舱门时，头一定要向后仰，因为一旦拉开拉杆，舱门会猛地向客舱内开启，很容易撞到你的头。

快速上逃生滑梯。上救生滑梯前先脱下高跟鞋，因为鞋跟会划破滑梯的塑料层。双手交叉放在胸前，抓住衣领，以免擦伤。直接走出客舱，跳上滑梯，臀部先落在滑梯上。在快速滑下时，身体要略向前倾。

迫降时的逃生技巧。飞机在空中发生故障时不得不采取迫降，这时最为重要的是保持头脑的冷静，坚决服从机组人员的命令。一要严格按照规定竖直坐椅靠背，尽可能束紧安全带，屈身向前，脸趴在枕头或毛毯上，双臂抱住大腿；二要熄灭香烟；三脱下鞋袜，摘下眼镜和义齿，身上不能带有任何尖利、坚硬的东西；四穿上救生衣，但千万不要在走出机舱前吹起救生衣，以免造成出舱门的困难；五在机组人员的指挥下，尽可能坐在前舱，因为机尾跌毁的可能性较大；六是一定要用湿纸巾掩住口鼻。因为一旦飞机迫降后起火，浓烟便会在短时间内弥漫机舱。实际上，很多遇难旅客的死因是吸入了有毒浓烟。浓烟被吸入人体后的瞬间，旅客便会失去意识。这便意味着逃生过程的终止，因此，保护好口鼻，避免直接吸入有害气体，是最关键的处置方法。

从发出迫降预警开始，乘务组便会向旅客发出指令。一定要听从指挥，不要擅自蛮干。有组织的逃生比拥挤争抢，获得生存的概率更大。为了避免因外物对飞机应急滑梯造成损害，请脱下高跟鞋等尖利物品。丝袜等易燃物品也应及时脱下防止被火烧伤。如果机组已经发生了迫降预警，旅客们首先要做的是，确认安全带是否扣好系紧。如果飞机发生事故时，会产生强大的冲击力，这也会对旅客的身体产生致命伤害。而安全带在这时就会发挥出重要作用。

等到飞机着陆或者停稳后，顺利地解开安全带也颇为关键。旅客登机入座后，可以重复几次系、解安全带的动作，以防后患。

　　注意不要为了取行李而耽误了宝贵的时间。生命才是最重要的。别与家人分开坐。如果与家人一道旅行，应该坚持不让航空公司将你们分开。如果你们坐在机舱里的不同地方，在逃生前，你们总想先团聚，于是在机舱中到处寻找家人，这会耽误很多逃生的时间。

第五章

公共场所意外伤害的应对和防范

公共场所由于环境复杂、人员众多，安全隐患大大增加，发生意外的可能性也随之增加。因而在公共场所我们更需要提高意外防范意识，掌握必要的意外应对技巧，保护自己不受或少受伤害。

1.踩踏受伤的急救与踩踏伤害预防

公共场所发生人群拥挤踩踏事件是非常危险的。如果有十来个人推挤或压倒在一个人身上，其产生的压力可能达到 1000 公斤。正是这种无法承受的压力造成伤害，甚至造成死亡。

人的胸腔被挤压到难以或无法扩张，就会发生挤压性窒息。这种挤压往往又不能在短时间内解除，于是受压力超过极限的人员会发生死亡事故。有死亡案例受害者并非倒地，而是在站立的姿势中被挤压致死。

人多是发生拥挤踩踏事故的基本原因，所以事故常发生于学校、车站、机场、广场、球场等人员聚集地方；发生的时间常见于节日、大型活动、聚会等。发生拥挤踩踏事件的诱因很多。常见情况是人群因兴奋、愤怒等过于激动的情绪，从而发生骚乱；有时候发生爆炸、砍杀或枪声等恐怖事件，人们急于逃生而致局面失控；也有一些人好奇心重，哪里人多往哪里挤，看热闹导致的。所以防踩踏关键是要有防范意识，随时重视安全，避开意外。

最好的方法是少去人群聚集并且情绪高昂较易失控的地方。当然，我们避免不了去车站、广场等之类的公共场所。这时，每个人应保持平常心，不起哄、不制造紧张或恐慌气氛。具体来说，防踩踏要做到以下几点。

（1）不盲目扎堆

踩踏致伤通常发生于空间有限、人群相对集中的公共场所，如足球场等体育场馆、灯会等娱乐活动场所、室内通道或楼梯、影院、酒吧等。在这些场合如果人群特别拥挤，别盲目扎堆，要有自我保护意识。

（2）别逆着人流走

在人群中时或已被裹挟到拥挤的人群中时，切记不要逆行，避免被绊倒。发现前面有人跌倒应马上停下脚步大声呼救，尽快让后面的人知道前面发生了什么事情。

（3）保护肺、心脏不遭挤压

遇到混乱局面时，在拥挤人群中要保持类似拳击式的动作（双手握拳在胸前，或一手握拳，另一只手握住该手手腕），双肘撑开平放胸前，用力保护自己的胸腔，保证自己能够呼吸，顺着人群，寻找机会从侧边离开。如果此时你正带着孩子，要尽快把孩子抱起来。儿童身体矮小、力气小，面对拥挤混乱的人群，极易出现危险。

（4）不要贸然弯腰提鞋或系鞋带

遭遇拥挤的人流时，一定不要采用体位前倾或者低重心的姿势，即便鞋子被踩掉也不要贸然弯腰提鞋或系鞋带。生命永远比物品重要。如果有机会，抓住牢固的东西慢慢走动或停住，待人群过去后再迅速离开现场。遇到台阶或楼梯，如有可能，请抓住扶手停止或走动。

（5）倒地时身体蜷成球状

如果被挤压在地又无法站起来时，设法靠近墙壁，身体蜷成球状，双手在颈后抱住后脑勺，双肘撑地，使胸部稍稍离开地面。如有可能，最好抓住一件牢靠的物体。

（6）不要慌乱

良好的心理素质是逃生的关键，惊恐、盲从可能会让场面更乱。上海踩踏事件中的那些"后退哥"，在保护自己的同时，大声呼喊"后退"疏散人群，最大限度地避免人群在恐慌情绪下造成更大的混乱。

如果不幸福已经发生踩踏事件，要想尽办法不要被挤到；如果不幸倒地，应该争取迅速起来离开；如果起不来，记住救命姿势：两手十指交叉

111

相扣，护住后脑和颈部；两肘向前，护住头部；双膝尽量前屈，护住胸腔和腹腔重要脏器，侧躺在地。

拥挤踩踏事故发生后，保证自己处于安全状态的前提下，立即报警，等待救援。在医务人员到达现场前，要抓紧时间用科学的方法开展自救和互救。在救治中，应遵循先救重伤者、老人、儿童及妇女的原则。

2. 动物园安全自护与伤害自救

近些年来随着一些野生动物园的开放，动物伤人的事件也越来越多。那么，我们的哪些行为可能会导致自己被动物所伤？去动物园应该遵守哪些规定，做好哪些安全自护措施呢？

（1）游览动物园安全要点

孩子要家长全程陪同。遇到熊山、狮虎山这样的游览区，一定注意安全，不要太靠前。

不要越过围栏摸动物。有的孩子甚至家长不遵守动物园的规则，认为上动物园就是要接触动物，于是频频越过围栏去触摸动物。这是很危险的。即使是你认为很温顺的动物也不要碰触，更不能攀爬或跨越栅栏。

禽类动物的细小绒毛，很容易引起孩子的上呼吸道疾病和过敏，对于年龄太小的宝宝，最好不要离动物太近，远距离观赏才是最安全的。

不要随意喂食动物。虽然有的动物是杂食性动物，但是游客看似好心的投喂，实际是害了它们，非常容易引起动物的疾病，甚至是致命的。同时喂食动物时孩子的手接触的刚好是动物的嘴巴，一个不小心就会被咬伤。如果想给动物投喂食物，请购买园内出售的饲料，并按照指定的方法给动物喂食，一方面自己安全，一方面也伤不了动物的肠胃。

不过分逗弄动物。过分逗弄会引发动物的敌视情绪，如遇动物的发情期或是哺乳期，很容易引起动物的攻击，从而引发游客自身危险。

在给允许拍照的动物拍照时，最好不要用闪光灯，强烈的光会刺激动物的眼睛，如果是马，可能会受惊，暴躁伤人。

一般的动物园内，会有一个小小动物饲喂区，家长可以带孩子喂小动物。如果自己带菜，一定要注意不要腐烂变质，给动物喂食的时候，也要注意动物的情绪，不要硬塞。

野生动物园游玩时不要随意开车窗，更不能下车。不要离开游览车。如果是去比较大型的模拟野外环境的动物园，请一定要注意不要离开游览车，也不要把头和手伸出车外，因为有可能会遇到潜伏动物的袭击。

注意防蚊虫叮咬。动物园一般都会有比较多的树木、草丛、池塘，加上有些动物饲养院打扫不及时，会有比较多的蚊虫苍蝇。所以在动物园里尽量让孩子穿轻薄带长袖的衣服，并且带上驱蚊或者消毒药水，以免被蚊虫咬伤。

（2）动物园伤害自救措施

如果不小心进入了虎园。千万不要惊慌中乱跑。因为无论如何也跑不过老虎。而且逃跑行为会引发老虎的兽性与攻击性，会很快追去。这时要做的，就是面对老虎，观察它的反应，慢慢后退，以扩大和老虎的距离；如果手上有一些物品，比如某种食物，可以将物品丢往远处，来尝试吸引老虎的注意力，获得逃生机会。当然这只是临时办法，要想逃走的可能性并不大，最好在附近能找到大的棍子之类的东西，来弄出很大的响声，让老虎害怕；在手中没有任何物品的情况下，可以选择爬到高处。一般动物园都会有树，这时如果能爬上树，也是一种能自救的方法；老虎在攻击猎物的时候，常常会攻击对方的喉部，而这是人最致命的地方。所以，若老虎已经离得很近，并且有攻击的态势，你要做的是双臂抱头，保护好喉管，以减少老虎对身体伤害；老虎已经在眼前向你而来，逃已经不是办法，那就只有还击，用木棍或者能拿到手的任何东西，实在不行用拳头也比眼睁睁着着老虎来吃自己强。

如果你误入的是熊山，你一定要让身上能发出声音的物件发出声响。

比如钥匙，铃铛等物。任何能发出噪音的小物件也能让这类大型动物跟你保持距离，从而保你平安。近距离与熊相对时，尽量不要看它的眼睛，形成对视。要保持上身直立，并大声喊叫，张开双臂，尽可能让熊认为你是高大威猛的，让它感受到威胁，不敢靠近你。同样，如果手上有物品，可以向远处抛去，引开它的视线，如果它有向你攻击的意识，记得用石块打它的鼻子。

对于狼来说，你用眼神与它对视或者露出自己的牙齿无异于向它挑衅，所以千万不要做这些动作。你可以面向着它慢慢向后退，记住一定是面向它，不可背对它，这样它会在你背后攻击你，使你受伤。一旦它开始眼睛闪光发出呜咽声准备攻击，一定要赶快站起来，并发出很大的声音，让它感觉你并没有那么弱小，容易攻击。当你发出声音的时候，最好是向管理员或者周围的人呼救，而不是瞎嚷嚷。

3. 公交车着火的伤害预防和逃生自救

公交车起火的主要原因是公交车自燃。自燃即公交车因电器、线路、供油系统发生故障，受空气氧化而放出热量，或受外界影响而积热不散（如夏季炎热的天气），达到自燃点而引起自行燃烧。

（1）公交车起火的原因

公交车的线路老化会引发公交车自燃起火。公交汽车的使用年限一般比较长久，容易发生电源线路老化，短路等现象，从而引起公交车自燃起火。这种情况的自燃大多是长途行驶，发动机各部件长时间不停运转，造成温度升高，造成电源线短路，引起自燃起火。

燃油泄漏也会引发公交车自燃起火。公交车的汽油滤清器多安装于发动机舱内，而且距离发动机缸体以及分电器很近，一旦燃油出现泄漏，混合气达到一定的浓度，在外界明火的作用下，自燃事故就不可避免。防止公交车自燃的主要手段除了加强车辆安全检查、防火设施检查、火灾隐患整改外，还要加强媒体宣传，提高广大人民群众的应急逃生能力。

（2）公交车起火逃生自救方法

公交车起火发生突然、发展迅速、燃烧迅猛、蔓延速度极快，不仅会对国家财产造成极大的损失，对广大群众的生命安全也是极大的威胁。预防公交车起火是保障公交车安全的重中之重。乘客在遇到公交车起火后，要根据以下方法，冷静迅速逃生。

公交车行驶过程中如果乘客发现起火，要立刻通知驾驶员，驾驶员应立刻开启车门让乘客迅速下车，并报火警。

在发现火灾后，不要大喊大叫，大喊大叫时烟雾和火焰会随着人的叫喊吸入呼吸道，从而导致严重的呼吸道和肺脏损伤，大喊大叫还会让其他乘客恐慌，人多时相互拥挤，严重时还会发生踩踏事件，影响逃生速度。

如果司机将车门打开，迅速从车门逃出。如果车门打不开，赶紧用放气阀。放气阀形状大多数是扳手状，就像电扇的档位开关。这个放气阀主要是切断气路。而打开的方式也各不相同，有旋转的、拉出的，然后用手推车门，车门就能打开。

可以利用安全锤逃生。人太多，门口太拥挤，这时我们可以用安全锤逃生。每辆公交车上都会装有安全锤，安全锤挂在前后轮附近的车窗框上。安全锤安装部位都有醒目的标志。如果由于特殊情况一时无法找到安全锤，也不要惊慌。在没有救生锤的情况下，要尽快找到一些尖状硬物，如钥匙、手表等，用其棱角击打车窗中心部位。

找到安全锤使用时，要用安全锤的锤尖，猛击玻璃中心部位，当玻璃被砸出一个小洞时，玻璃就会从被敲击点向四周开裂，像蜘蛛网一样。乘客这时须抓住车内扶手支撑身体，并用脚掌用力将碎了的玻璃踹出车外，然后跳窗逃生。

天窗也可以逃生。公交车车顶有两个紧急逃生出口，只是很多时候人们容易把它错认为是通风口。逃生窗上面有按钮，旋转之后把车窗整个往外推，推开后就可以从窗口爬出去了。

公交车起火，由于空间狭小密闭，浓烟中一氧化碳的浓度很高。在含有一氧化碳浓度达 1.3% 的空气中，人们呼吸 2~3 次就会失去知觉，呼吸 1~3 分钟就会死亡。所以最佳的逃生时间只有两分钟。对于小的火源，可以协作车上的其他乘客和司机进行灭火，避免火势蔓延；但是若是火势太大，应该迅速逃离现场。逃离时用毛巾或衣物遮掩口鼻，不但可以减少烟气的吸入，还可以过滤微碳粒，有效防止窒息的发生。

　　衣服着火时，不要奔跑，因为奔跑等于加速了空气的流通，会愈烧愈烈，奔跑也会将火种播散引发新的火灾。最好是将已经烧着的衣服脱掉，来不及可就地翻滚压灭身上的火。如果发现他人身上的衣服着火时，可以脱下自己的衣服或其他布物，将他人身上的火捂灭，记住不要拿灭火器向着火人身上喷射。

　　如果火势不大，并且已经将乘客安全转移，可以用车内的灭火器灭火。

4. 娱乐场所火灾事故逃生和自救

娱乐场所大都场地封闭、火灾隐患多、人员多、逃生路径不熟。一旦发生火灾，自救逃生是减少意外伤害最重要的措施。

（1）影剧院火灾逃生自救

影剧院里，都设有消防疏散通道，并装有门灯、壁灯、脚灯等应急照明设备。用红底白字标有"太平门""出口处"或"非常出口""紧急出口"等指示标志。一旦发生火灾应根据不同起火部位，选择相应的逃生方法。

当舞台失火时，要把握时机逃生，远离舞台向放映厅一端靠近。当观众厅失火时，可利用舞台、放映厅和观众厅的各个出口逃生。不论何处起火，楼上的观众都要尽快从疏散门由楼梯向外疏散。当放映厅失火时，可利用舞台和观众厅的各个出口逃生。

此外，影剧院起火还要注意以几点：一定要听从影剧院工作人员的指挥，切忌互相拥挤、乱跑乱窜，堵塞疏散通道，影响疏散速度。疏散时，人员要尽量靠近承重墙或承重构件部位行止，以防坠物砸伤。特别是在观众厅发生火灾时，不要在剧场中央停留。有些影院安装了应急排风按钮，出现紧急情况时可按压按钮打开通风设备，排出室内有毒气体。还要懂得应急出口大门用力即可撞开。

（2）歌舞厅、KTV 房火灾的逃生方法

由于歌舞厅、KTV 房大多用易燃物装修，一旦发生火灾极易蔓延，并有大量的有毒气体产生，给火场逃生带来了很大的困难，再加上这些场所一般都在晚上营业，进出顾客随意性大、密度大，灯光暗淡，失火时容易造成人员拥挤，发生挤伤、踩伤事故。逃生的方法如下。

保持冷静，辨明安全出口方向。只有保持清醒的头脑，明辨安全出口方向和采取一些紧急避难措施，才能掌握主动，减少人员伤亡。

灵活选择多种途径逃生。如歌舞厅设在楼层底层，可直接从门和窗口跳出；若设在二、三楼时，可抓住窗口往下滑，让双脚先着地；如果歌舞厅设在高层楼房或地下建筑中，则应参照高层建筑或地下建筑的火灾逃生方法逃生。

逃向烟弱区等待救援。如果舞厅逃生通道被大火和浓烟封堵，又一时找不到辅助救生设施时，被困人员只有暂时逃向火势较弱区间，向窗外发出救援信号，等待消防人员营救。

在逃生中要注意防止中毒。由于娱乐场所四壁和顶部有大量的塑料、纤维等装饰物，火灾的同时会有大量的毒气产生。所以在逃生时不要大声叫喊，以免吸入烟雾和有毒气体，用湿衣服或毛巾捂住口鼻，低头弯腰用低姿势行走，也可以匍匐爬行。若一时找不到水打湿衣服，可用饮料代替。

如果一起进入娱乐场所的人很多，要相互救助，切勿一个人逃跑而丢下同伴。对设在楼层底层的歌舞厅、卡拉 OK 厅可直接从窗口跳出。对于设在二层至三层的歌舞厅、卡拉 OK 厅，可用手抓住窗台往下滑，以尽量缩小高度，下地时双脚先着地，以免身体受伤。如果是在高层，可以选择落水管道和窗户进行逃生。通过窗户逃生时，必须用窗帘或地毯等卷成长条，制成安全绳，用于滑绳自救，不到万不得已，不要轻易跳楼，以免发生不必要的伤亡。

无论是在逃生过程中还是等待救援，都一定要向外发出求救信号，方便外面的人寻找并救助。临时避难处防火与灭火方法参照其他火灾现场操作方法。

5. 游泳馆溺水预防

在游泳馆内游泳也会发生溺水，虽说相对于在野外江河溺水救援会简单一些，但最重要的是做好预防，减少溺水。同时在发生溺水或者发现溺水时要学会自救和对溺水者进行救援。

一是要学会游泳后再单独游泳。初学游泳的人，由于技术掌握得不好，在水中一旦发生问题就手忙脚乱，导致呛水而造成溺水。所以没学会或技术不好时不好单独游泳，应有同伴在一边照顾，以防溺水急救。平时应正确地掌握游泳技术，呼吸自如，游进时自然放松。如发生呛水，保持镇定，可改变游泳姿势，用踩水方法，排除呛水后立即上岸休息。

二是减少潜游。由于潜水必须憋气，时间过长或过频会引起脑缺氧而出现头痛、头晕或出现休克等现象。所以潜游时间不要过长或过频，以免发生意外。

三是尽量不要在非游泳区游泳。由于对水中的情况不熟悉，即使会游泳，也可能发生溺水事故。特别是在沟渠、池塘等开放水源附近生活的儿童，溺水危险特别大。

四要预防抽筋溺水。由于游泳前未做好准备活动、身体过于疲劳、出汗后马上下水、水温过凉、技术动作过分紧张等原因，在游泳中都会出现抽筋的现象。如果在深水自己不会处理，就会发生溺水事故。要学会简单的处理方法，主要使抽筋部位伸展。

五要避免呛水。在饭饱、体能极度疲劳、酗酒后入水游泳，很易出现呛水现象，呛水现象调整不好，会导致非常危险状态，连续呛水，很容易造成溺水停止呼吸。饭饱、体能过度疲劳、酒后、非常饥饿者，都不宜入水。

六是游泳时间不要太长。有的游泳爱好者喜欢长游，看看自己到底能游多长、多久。这是可以理解的，但是这样也容易发生溺水事故。遇到这种情况时，一不要逞能，二要赶紧回岸，三要及早呼救。

七是不要水中打闹嬉戏。有些人喜欢在水里打闹嬉戏，特别是年轻人喜欢做些有挑战性的动作。如跳水，这是比较危险的，有时池子深度不够跳水后将自己的头撞破的事时有发生。

八是重视游泳禁忌症。游泳前应考虑身体状况，酗酒后、饥饿、过饱、过冷及过度疲劳等情况下，不宜游泳。凡患有心脏病、高血压、癫痫、活动性肺结核、传染性肝炎、皮肤病、红眼病、精神病、中耳炎、发烧、开放性创伤者，都不宜游泳。

6. 公共场所突发斗殴事件的自护和自救

斗殴，也就是打架，是指双方或多方通过实施暴力击打以达到制服对方的行为。在公共场所时常会莫名其妙地碰上斗殴事件并被困其中，这时候也要学会自救和自护。主要要做到以下方面。

①外出或闲时散步，尽量不要往人多的地方挤，人流量越大，越容易发生各种意想不到的危险。

②遇到公共场所有突发暴力事件时，第一反应是报警。在公共场合斗殴一般不会是对立的两个人，会是几个或者是许多人的群体斗殴，所以这时应尽快报警，一是只有警察才可能制止双方，二是可以保护现场的其他人员。

③除非是办事，平时最好少去人员集中的地方，因为许多不法分子总喜欢选择这些地方来制造暴力或斗殴事件。

④一旦遇到斗殴事件，不要害怕，尽快报警，有可能的话，帮助被困的老人、孩子和妇女撤离。

⑤如果是有弱者被欺，拿出勇气，尽最大努力帮助弱者。当然，见义勇为也要看当时的情况而定，一个人去对付很多人是不现实的，这样只可能会让自己受伤。

⑥遇到突发的斗殴事件，不要认为好玩而近距离围观，搞不好会成为别人攻击的目标，也有可能会被别人误伤。

⑦如果警察及时赶到，可以配合警察救人，疏散围观群众。

⑧现场不是能被个人能力控制的情况下，最好的办法就是逃跑，减少自己被伤害的可能。

⑨无法逃跑也没有人前来救援的情况下，最好向对方示弱。示弱并不是认输，而是更好地保护自己。

⑩如果你已经置身其中，那么应双手抱头，尽力保护自己，尤其是太阳穴和后脑。

⑪如果很不幸，已经受伤，伤情严重的话要快速拨打120求救，伤情不严重，也要想办法尽快为自己处理伤口。

不管是哪种原因的斗殴事件，只要警察能及时赶到，都能制止和控制局面，避免事态扩大。所以，报警是我们第一时间要做的事情，如果周围人多，可以呼吁群众加入到解除斗殴中来，但防止更大的伤害与更多的人参与到斗殴中。

7. 突发恐袭事件的紧急应对措施

　　恐袭事件是指利用化学袭击、暴力骚乱、爆炸破坏以及挟持人质等方式制造的骇人事件。美国"9·11"袭击之后各国恐怖袭击层出不穷，恐怖袭击已经成为一些极端组织表达自我的最常用手段，严重威胁各国人民生命财产安全。虽然我们遇到恐怖袭击的概率非常低，但掌握一些基本的生存技能，才能自救逃生，减少意外伤害。

　　紧急撤离。路过恐怖事件现场，不要停留，不要拿出手机拍照、发微博，也不要围观。遇到恐袭要保持冷静，在工作人员的指导下快速撤离现场。如无人指挥，应快速向紧急出口方向转移。在撤离的过程中，尽量避免靠近玻璃窗、货架等容易因挤压、震动而破碎或倒塌伤人的物体。如果正处在恐怖袭击事件现场，且无法逃避时，应利用地形、遮蔽物遮掩、躲藏。

　　若发生枪击，听见枪响要立刻趴在地上，如可能，可以躲在一些坚硬结实的物体下面或背后，主要保护自己的头部和躯干部位，不要随便乱动。如确实需要移动，应匍匐或尽量压低身体前进，不要让自己成为枪手的目标。

　　当遇到恐怖事件实施者抛洒不明气体或液体，应迅速躲避，且用毛巾、衣物等捂住口鼻。

　　当周围发生爆炸时，应快速将身体躲藏在坚固的物体后面。如果身体被建筑碎片或灰尘掩埋，在仍能正常呼吸的前提下，不要随便移动，否则可能导致更大的坍塌。如果必须移动，应尽量用一块布捂住口鼻。在四周粉尘弥漫时不要试图大声呼叫，否则扬起的灰尘有可能使人窒息。当坍塌和扬尘趋于稳定后，可将身体靠近管道或墙壁附近，用嘴对着这些建筑介质呼救，声音将更容易传到救援人员耳中。

如果正面面对恐袭者，切勿激怒对方，尽量不要惊恐喊叫，听从对方的指令，等待救援。

在确保个人安全情况下，进行报警、呼救和救助他人的行为。

平时要提高防范意识，阅读公安部发布的《公民防范恐怖袭击手册》，了解防恐相关知识；发现可疑的人或可疑的物品，要向公安机关报告。

8.遭遇抢劫时的伤害预防和自救

抢劫是指以暴力或威吓，夺取对方对某物之所有权的一种犯罪行为。抢劫是一种违法行为，可能蓄谋已久，也可能是临时见财，偶起歹心。不管是哪一种抢劫，都有可能因为被害人的激动情绪而导致抢劫者伤害受害人。因此，遭遇歹徒抢劫时，要力求自保，首先保证人身不受伤害，再考虑财物。

遇抢劫时的伤害预防和自救措施有以下方面。

①当突然遭遇抢劫时，保持冷静，尽量配合犯罪嫌疑人或者与他尽量纠缠。比如说一些可怜的话，装作拿出钱物等来拖延时间。

②观察周围环境，如果在较为偏僻的地方，不确定周围是否有人听到呼救后前来搭救，而自身实力与歹徒比较又明显处于劣势，为了最大限度地保障自身的人身安全，就不要盲目地呼救，从而激怒犯罪嫌疑人或者造成犯罪嫌疑人紧张，导致自己被歹徒情急所伤。但如果有人靠近，而且有可能是多人靠近，这时可以大声呼救，呼救时要果断，声音要大，至少在气场上要压倒罪犯。犯罪分子的目的是求财，发现周围环境对他不利，他会马上逃走，这样你就得救了。

③当自己处于歹徒的控制之下而无法反抗时，可按作案人的需求交出部分财物，并理直气壮地对作案人进行说服教育，从而造成歹徒心理上的恐慌。

④在与罪犯周旋的过程中，要注意自己的语气与措词，不要激怒对

方，以免造成更大的麻烦。

⑤要仔细观察犯罪嫌疑人的相貌、衣着、口音、走路姿态、生理特征（例如胎记）等特征和犯罪嫌疑人进入和离开现场的方向，待报警后向公安机关说明，帮助查找犯罪嫌疑人。

⑥不要为了护住自己的财物而与歹徒硬拼，为了财物丢掉性命是不值得的事情，保住性命才是最关键的。

⑦如果身边有反击的工具而且能确保自己安全的情况下，可以进行正当防卫，利用有利地形和身边的砖头、木棒等足以自卫的武器与歹徒形成僵持局面，使作案人短时间内无法近身，造成心理上的压力，同时引来援助者。保证自己的人身安全。如果在与对方僵持或打斗中造成对方伤亡的，不负刑事责任。

⑧为了防止遭遇劫匪，晚上尽量不要单独出门，实在要出门，最好走大道，人流量大的地方，不要选择小道，或者光线较暗的道路。

⑨一个人在家的时候，要关好房屋门窗，防止坏人从窗户爬进来作案。

⑩遇到抢劫的歹徒，无法反抗交出财物后，尽可能趁其不注意在作案人身上留下记号，如在其衣服上擦泥土、血迹，在其口袋中装些有标记的小物件，在作案人得逞后悄悄尾随其后注意其逃跑方向，并及时把这些情况报告给有关部门。

9.被绑架或劫持时的自救措施

绑架或劫持是一种恶性犯罪，往往采用暴力手段，极易造成伤害。对于歹徒来说，绑架和劫持都是有预谋的；但对于受害者来说，却是突然发生的意外事故。任何人遇到这类事情，都会情绪激动，但是激动没有任何帮助，只有努力让自己冷静下来，寻找对策，才能实施自救。

（1）被绑架劫持时的自救技巧

被绑架或是劫持后，孤身一人被劫持，内心难免惊慌失措，这个时候最重要的是尽量保持镇定，不要作无谓的抗争，要坚定自己能被营救的信心。当劫持发生在剧场、教室等场所时，由于空间较大，人员可能较多，这时人质应该约束自己的行为，以免给前去营救的营救队员造成行动上的障碍。

被绑架后我们都是害怕而紧张的，其实歹徒也是。没有哪个歹徒能够从容对待绑架或劫持，因为他们明白自己是在犯罪，是在走一条不归路。之所以这么做，只是存着侥幸心理，希望自己不被警察抓住。这时我们可以利用他们害怕的心理，来与他们谈判或者是劝他们冷静下来，告诉他们这样做的严重后果，如果能从歹徒口中了解一些他们的情况，抓住他们的"软肋"就更好了。

在被劫持现场，一旦发生爆炸，最好在原地趴下，不能惊慌失措地乱跑。不要乱触摸任何东西，以免触动恐怖分子设置的爆炸物或毒气设置。如果发生毒气泄漏，尽量用湿的毛巾、手帕或者衣服捂住鼻子和嘴，先进行自救。同时利用肢体语言，比如挥动衣服、手臂等呼唤营救人员来搭救自己。这个时候切记不要呼喊，因为这样只会吸入更多的毒气。

当对方人数较少的时候，也不要存在侥幸心理，去做不必要的抗争，这样可能会导致伤亡。不要意气用事，不要单靠个人力量硬拼，更不要行为失控，不要因为一个人的行为而断送了大家的性命。

也不要自认为口才好，和劫持者进行谈判。因为他们往往认为自己正确，你的逻辑并不一定能打动对方，这个时候最保险的办法就是暂且顺从。更不要以跳窗、自杀或者其他方式来威胁对方，这样做徒劳无益。

要想逃跑的话，先要衡量是否有能力逃跑，再运用随身携带的物品自卫。若无充分把握，勿以言语或动作刺激绑匪，以免招致不测。如周围有人，可乘机呼救，伺机逃脱。佯装不懂绑匪交谈所使用的方言，伺机留下求救信号，如眼神、手势、私人物品、字条等。可适当告知绑匪自己的姓名、电话、地址等，但对于经济状况，应敷衍搪塞。

如果设法脱逃后，要立即用电话向家人、亲友或公安机关求助。熟记绑匪容貌、口音、所用交通工具及周围环境特征（特殊声音、气味等）。反复回忆事件经过的细节，并在获救后给警方提供破案线索。

出行的时候不要忘记带上自己的证件，比如身份证、工作证等。这样一旦被劫持，营救的时候就能够证明自己的身份，同时也有利于营救队员排查恐怖分子，以防他们混在人质队伍中。

穷凶极恶的绑匪，有可能向被绑架或劫持的人开枪，特别是在被绑架的人比较多的时候。如果不幸中弹，索性装死，以求自保。中弹之后，千万不要大声叫喊，要借中弹迅速倒地，歹徒可能会在射击后检查，这时一定不要动，歹徒不会关注死人。所以在以后的时间里，暂时是安全的。等到歹徒不再关注的时候，想办法替自己止血，包扎，等待警察的救援。

要熟记歹徒的容貌、衣着、口音、特征、车牌号码、车型以及歹徒对话的内容，以便协助公安机关侦破。

（2）路遇抢劫时如何自救

在路上遇到抢劫，首先要保持镇定，看看有几个人实施抢劫，在心中对比自己与对方的实力，观察歹徒是否持有凶器。巧妙与歹徒周旋，寻找求救机会的同时可以将随身携带的少量钱财，物品交给歹徒，稳定住歹徒。

尽量避让，避免与歹徒的正面交锋，否则会有可能激怒歹徒，生命受到危险。趁歹徒不注意的时候，向人多或有灯光的地方奔跑或者跑进商店。

根据现场的判断，以及对歹徒的观察，是不是属于穷凶极恶的人，对歹徒做出一个正确的心理判断，之后开展心理制服。切忌遭遇抢劫时不可一味求饶，那样会让歹徒觉得你一味可欺，从而提出更无理的要求。在可能的情况下对坏人进行心理刺激或理智周旋。当坏人心理上有所放松时，乘机跑掉。

如果不是在特别偏僻的地方，不远处又有人群，要及时呼救。无论在什么情况下，只要有可能，就要大声的呼救，或故意与作案者高声说话或做些动作引起旁边人的注意，从而达到自救目的。

要及时报案，在遇到抢劫时，记住歹徒的外貌特征，事后及时报警，歹徒有可能不会走远，这是抓到歹徒的最佳时机。

如果在拦劫现场无反抗条件，可在歹徒实施抢劫后逃离现场时，悄悄跟踪其去向，注意观察歹徒的落脚点，以便报告公安机关及时将其抓获。跟踪时要注意隐蔽自己，如果在比较空旷的地区，不便隐蔽最好不要跟踪，以免被歹徒伤害。

第六章
户外活动的意外伤害防范及应急自救技巧

　　大自然的魅力总是让人无法阻挡，向往蓝天白云、向往自由自在的奔跑、更向往远离喧哗的宁静。但同时野外活动也充满了各种危险，一不小心就会发生意外伤害。因而在户外，意外防护处置和自救互救技巧就尤为重要。

1. 郊游注意事项及意外伤害防护

很多人喜欢野外郊游。踏春、秋游满目都是美景，既能享受大自然的风光，又能舒缓城市生活的紧张情绪。郊游虽然好玩，但也暗藏风险，比如天气恶劣会有意外伤害的危险，同时也要提防野外蚊虫。

（1）郊游安全注意事项

量力而行。主要是看自己的身体状况。出门游玩是一件很累的事情。不光要爬山、涉水，还得备齐行李和食物。还要有一定的郊游经验，一个人盲目出行是不可取的。

安全第一。不管是行走还是歇息，安全总是首要的。对一些存在安全隐患的地方不要靠近，陡峭的山崖边不要去，尽量不要单独行动，以免发生不测后无人知晓。

做好防晒准备。如果长时间在太阳下暴晒，皮肤可能会被紫外线灼伤，在夏天，还有可能中暑。出行的时候可以适当涂一些防晒油之类的，避免身体被晒伤，夏天要戴防晒帽子，并避免长时间暴晒。

多喝水。郊游是要耗费体力的。而水是人体机能和各项活动正常运行的基础，如果野外出行中没有喝水的话，可能会使人感到头晕，身体没有力气。天气越热，需要的水分越多，而且在野外找到水源是比较困难的，所以身上要带够足够的水，一旦发现水源就要把水瓶装满。

防止蚊虫的叮咬。野外蚊虫多，而且很多蚊虫都是有毒的。出行前最好在自己身上涂抹或者喷洒一些防虫的药物或者液体，降低蚊虫对自己的伤害。

注意饮食卫生。一些人喜欢在野外举行野炊活动。既是体验生活又别有一番风味。对于一些野果之类的食物不要随便采摘食用，因为这些野果可能让人吃了腹泻而引起脱水，严重的话还会中毒，为了避免不必要的麻烦，最好还是食用自己带的食物。

掌握一定的求生知识。在出行前先学习一些野外生存技巧，掌握一定的求生知识。哪怕你认定要去的地方没有任何危险，也要先学习一些相关的知识，以备用。因为意外是谁也不会预料到的。掌握一定的求生知识，说不定会在关键时候派上用场。

（2）郊游意外伤害防护措施

一是不要在泥石流常发地带宿营。大部分石块都被泥土包裹，证明这里是泥石流多发地带。营地最好不要建立在这种地方，以防发生泥石流时来不及撤离。

二是雨天不要在河滩、河床、溪边及川谷地带建立营地。人们大都喜欢把营地选择在山脊上或者河岸上。因为山脊可以看到很远处的风景，而河岸上风光不错，离水源又近，更是大部分人的首选之地。晴天这些地方确实不错，但是如果是雨天，尤其是暴雨天气时，一定不有选择这些地方作为宿营地。雨一下大，山脊上会有洪水往下冲，而河水也会暴涨，会冲走物品，甚至连人冲走。帐篷最好搭在宽阔的平地上，这样可以观察四周的动静，也不太受天气影响。雷雨天不要在山顶或空旷地上安营，以免遭到雷击。

三是举办篝火晚会和野炊时活动时要防止火灾。在距离营地足够远的地方选择一块平坦、没有草木的空地进行野炊活动，之所以要离营地有足够远的距离是因为考虑到风向不一定是固定的，所以无论从哪个角度吹风，都要保证帐篷的安全，同时也要考虑山火的安全。野炊或晚会结束后，要及时彻底地将火熄灭。

四是垂钓时要防止渔线甩到高压电线上，一定提前看好周围的环境。此外，不要离水边太近以免滑入水中。雷雨天就不要钓鱼了，这是很不安全的。

五是在爬山或者其他活动时，要注意行走安全，小心扭伤脚。无论是成人还是小孩，有哮喘病史或过敏体质的人，在野外接触花粉或某些植物时，会发生过敏，出现荨麻疹、喉头水肿、哮喘发作等情况，严重时会危及生命。过敏体质的人，出行前应准备抗过敏药和吸入型的支气管扩张剂。有过敏情况发生时，立即远离现场，吸入支气管扩张剂，如喉梗阻、呼吸困难不能缓解，则应送医院救治。

如果有意外受伤且情况严重的，应在第一时间拨打120电话，并尽快把伤者运送到救护车能到达的地点。最好不要在野外游泳，因为不熟悉地形以及水下情况，以免发生溺水。

2. 登山安全要点和遇险自救

很多人喜欢登山运动，因为它刺激而具有极大的挑战性。但是登山又因为它的特殊性和危险性让许多人望而却步。登山时要掌握以下安全要点才能确保安全。

（1）登山安全要点

出发前做好热身准备。登山与其他体育项目一样，要做热身准备。利用10～20分钟做一些肌肉伸展运动，尽量放松全身肌肉，先做一些简单的热身运动，然后按照一定的呼吸频率，逐渐加大强度，避免呼吸频率在运动中发生突然变化。锻炼结束时，要放松一下，这样才能更好地保持肌群能力，使血液从肢体回到心脏。

在登山之前，应该充分了解当地的地理环境和天气变化情况，选择一条安全的登山路线，并做好标记，防止迷路。

登山时足量的干粮和水都很重要。同时，选择一双合适的运动鞋，会让你走得更安全、轻松。

在户外运动，磕磕碰碰的事在所难免，备好急救药品，有备无患。如云南白药、止血绷带等，在发生摔伤、碰伤、扭伤时就能派上用场。

活动前或进入山区后，应随时注意气象数据及变化。登山队伍不可拉太长，应经常保持可前后呼应的状况。登山之初，向上看可导致疲劳感，最好攀登时目光保留在自己前方三五米为宜。从上山到下山，随时向留守人员或家人报告行踪。

快去慢返。上山时可走得稍快，返程则要慢些走，以免疲劳的关节、肌腱受伤。喝水时不能狂饮，否则汗量会增加，更容易造成身体疲劳。此外，行进中应随时调整步伐及呼吸，不可忽快忽慢。行进中应随时将水壶装满水。

不要在崖边照相。悬崖边照相是很危险的，一不小心就会摔到山下，要想照相，一定要选好安全位置后再拍照。选用双肩背包。登山用的包最好选择双肩背包，以便腾出双手，在必要时用来抓攀。还可以用结实的长棍作手杖，帮助攀登。

小心用火，切勿乱丢烟蒂，避免引起山火。

（2）登山遇险自救方法

登山者以及同队队员的性命很大程度上取决于他的自救技术。当自我制动失败时，登山者需要用冰镐来制止下滑具体操作如下。

一手抓住冰镐头部，拇指在镐尾上，其他手指在镐锋上；另一手握住冰镐柄尖头以上的位置。两手均握紧；镐锋在肩部上方位置压入山坡，冰镐柄成对角线斜过胸前方，贴着另一侧髋部握紧。冰镐柄较短时以同样的姿势握住，虽然冰镐柄尖头到不了另侧髋部；两腿挺直，分开，脚趾抠入雪中（如果穿钉鞋，使脚趾离开雪面直到最后几乎停住）；胸和肩紧压镐柄，脊柱弓起，稍离雪面；紧握冰镐。紧握冰镐头部会使镐锋挨着肩部和颈部。另一只手必须靠近镐柄的末端以防止镐柄尖头为轴心转入大腿，造成重伤。尤其在松软的雪上，挺直分开的两腿以及抠入雪中的脚趾可增加阻力，加大稳定性。

登山队行动时，人与人之间要尽量缩短距离，防止不小心踏翻浮石而伤害自己的同伴。攀登岩石山坡时，对每个落脚点都要进行试探，看它是否牢靠。后边的人要踏着前边人的脚印走。如果前面的人不小心踩到浮石，要及通知后面的人躲让。发现浮石或能移动的乱石，尽量将其搬到安全地带，若搬不动，则需绕行。

　　在攀登过程中，遇到暴风雨，或因野兽受惊而引起乱石时，要立即避险。当发生滚石时，往往带有很大的声音，最初是"叭叭"的冲撞声，慢慢地变成巨大的隆隆声。滚石开始是左右斜冲跳跃的，进入斜槽后，则成直线滚落。这时要镇静地观察滚石的方向，迅速地躲到安全地带，万一来不及，切记不能慌张。在判明滚石的方向后，当滚石快要到自己跟前时迅速躲开它。

　　登山不慎发生滑坠时，不要惊慌，要冷静地观察滑坠路线上的一切可以利用的地形、植被和灌木丛，同时要立刻倒转身躯，将手中的冰镐使劲地插入地下。如果此时遇到基岩，则将冰镐尖头向下，以减慢下滑的速度，同时选择有利的地形，借用其他物体，如灌木、植被等，使自己尽快稳定。

3. 野外游泳安全要点及溺水自救和互救

野外游泳指的是在天然的湖水、河里、海里等地方游泳，这种游泳虽然畅快，但是却很危险，每年都会有人到湖里游泳丧命，所以一定要了解户外游泳的危险和注意事项，以及意外发生时的应急处置措施。

（1）野外游泳安全要点

不要一个人去野外游泳。野外和游泳池不一样，一个人不熟悉环境的情况下贸然下水会有危险，遇到困难也无法求助。

雷雨天不去野外游泳。大家都知道雷雨天与水直接接触会有雷击的危险，注意是雷雨天，不是雨天。

对不熟悉的地方不潜水。有的水不很清，水下有异物看不清楚，如果潜水的话有可能碰到石头或其他硬物而伤到自己。

酒后不游泳。酒精会麻痹人的指挥系统，让人思维失控。所以酒后最好不要游泳。太饱或太饿都不宜游泳。

不要过分依赖游泳圈。在野外游泳带个游泳圈是不错的选择，但如果不会游泳，最好还是有伙伴陪同下去野外，因为再好的东西都有用久失去性能的时候。如果游泳圈破裂会有想不到的麻烦，有会水的人一起陪同就会安全得多。

大汗淋漓的时候不要下水。天热时，身体为了调节体温，排出大量汗，天越热，排汗毛孔越大，这时不能一下子浸入凉水中，否则寒气注入，对身体没有一点好处。

感到寒冷就赶紧上岸。野外的水不像游泳池的水是恒温，野外的水面温度比下面温度高，如果潜得稍微深点，会有凉意，这时应赶紧上岸休息。

不要轻易救人。如果发现有人溺水，一定不要马上冲过去，要量力而行，最好先告知其他人请求帮助，再和其他人一起营救，必须下水时，记得要从溺水者后面接近。

注意防晒。当遇到强烈太阳光照射时，应该擦防晒霜、防晒油等或穿防晒衣、戴帽子及太阳镜作防护。

返回时不要游得太快。野外游泳不像游泳池，回来的路线很可能不是你出发时的路线，保不齐在岸边会遇到石头或其他硬物，哪怕只有很短的距离就能靠岸，也要小心谨慎。

在流动比较明显的水中游泳要小心。因为是活动水，与游泳池不同有顺流或逆流的方向性，因而可能需要加倍的耐力及体力才能达到相同的距离（冬泳时尤其需要注意），这个时候需要决定怎么来回更省力、更安全。

不明深浅的地方不落脚。不轻易落脚。野外河或湖里淤泥、乱石、水草等杂物较多，有的还可能是泥沼地，脚落下，危险也就来了。

（2）野外溺水自救

如果溺水，不要在水中挣扎，这样会下沉得更快。尽快将肢体放松，保持头部后仰，双手向两边摆成大字形。因为肺脏就像一个大气囊，屏气后人的比重比水轻，所以人体在水中经过一段下落后会自然上浮。当你感觉开始上浮时，应尽可能地保持仰位，使头部后仰。这样你的口鼻将最先浮出水面，呼吸到新鲜空气后，马上大声呼救。呼吸时尽量用嘴吸气，用鼻呼气，做到吸、屏、吐三个动作动作协调而缓慢，以防呛水。不要将双手伸出水面，更不要试图将整个头部伸出水面，这将是一个致命的错误。浮出水面立即寻找目标，水上漂浮物很多，如防水背包、密封袋、球类、防潮垫、充气枕、空水壶等都可以加以利用，漂浮求生。

　　野外溺水大多是因为抽筋导致的。若游泳时发生抽筋一定要保持镇静，不要惊慌，在浅水区或离岸较近时应立即上岸，擦干身体及时保暖；在深水区或离岸较远时，应一面呼救，一面采取解痉措施自救。

　　（3）溺水互救

　　野外溺水要及时救援，但救人也要讲方法，不能鲁莽行事，耽误了救人，搞不好还会搭上自己的性命。救人时要掌握互救原则：岸上救生优于入水救生；器材救生优于徒手救生；团队救生优于个人救生。救援方法与一般溺水一样。救上岸后一定要脱去湿冷的衣物以干爽的毛毯包裹全身保暖；如果在寒冷的天气或长时间在水中浸泡，在保暖的同时还应给予加温处理，将热水袋放入毛毯中，注意防止被烫。

4. 户外滑冰、滑雪安全防护

户外滑雪、滑冰是一种享受，但也隐藏着意外受伤的风险，在享受刺激运动的同时别忘了安全防护。

（1）户外滑雪、滑冰的防护要点

做足充分的准备活动。冬天进行户外运动时，热身运动比夏天更重要。各种热身活动能加快血液循环，使肌肉、韧带逐步得到伸展。一般应进行十分钟以上的准备活动，再开始溜冰或滑雪。

防护用具一样不能少。滑雪者应戴头盔、太阳镜，并戴护膝、护臀、护腕，以加强膝关节的稳定性；踝关节比较松弛者最好戴上护踝，以固定关节。头盔就像你生命的保护绳，如果失去它，遇险时生命可能受到威胁。由于雪地上阳光反射很厉害，加上滑行中冷风对眼睛的刺激很大，所以需要滑雪镜来保护滑雪者的眼睛。视力不好的人不要戴隐形眼镜滑雪，如果跌倒后隐形眼镜掉了，找回来的可能性几乎不存在。冰鞋要合脚，鞋带也要系得稍微紧些，但不能系得过紧，以免脚部血液循环不畅。

学会在摔倒时借势滚翻。摔倒有可能使身体受到伤害，但如果能学会在摔倒时借势滚翻，就能减轻甚至不受伤害。因为滚翻动作可以把摔倒时所产生的冲击能量分解、消耗，以减轻对身体某个部位的集中伤害。

注意防寒保暖。严寒的冬天进行户外运动，冷是可想而知的。在运动的过程中，一定要注意防寒保暖，不要让身体任何部位冻伤。滑雪、滑冰时易冻伤的部位是手指、脚、耳、鼻尖等，应选用保温效果较好的羊绒制品或化纤制品对上述部位进行防寒保护。

　　饮酒后不要外出滑雪，一旦醉卧在外非常容易发生冻伤。滑雪、滑冰时最好穿鲜艳服装，一旦出事，寻找起来目标醒目。

　　（2）滑雪滑冰意外伤害救治方法

　　滑雪滑冰最容易冻伤和摔伤。手脚冻伤，应将手脚浸泡在略高于体温的温水中（一般四十度为宜），让手脚慢慢回温，不能着急而用温度过高的水来浸泡手脚，这样会使细胞在急速升温中进一步损伤，更不能用火烤。当然，有些人用雪擦冻伤的手脚，这同样是不科学的，这样做等于继续给冻伤的手脚降温。如果一时没有温水，可以将冻伤的手脚包在暖和的衣物内升温。

　　耳朵冻伤，耳朵因受到寒冷气候的刺激，耳部血管的血液供应比其他部位会更少，末端血液循环障碍，气血运行不畅，因而容易发生冻伤。初起轻者用软布时常揉搓患部，或用25℃温水浸毛巾敷；或用鸡蛋皮适量煎汤，降到适宜温度后反复洗。至冻伤处有湿感或僵木消失为止。

5. 放风筝意外防范

　　放风筝是民间传统游戏之一，也是很多人喜爱的活动。但是如果不注意安全，也会有意外发生。近几年因为风筝线引起的事端并不少见，可见哪怕是放风筝这种小小的娱乐活动，也会有危险，也会伤害到他人和自己，所以在放风筝时同样要防范意外伤害。

　　放风筝时要尽量选择空旷的非交通道路，或者是空旷的草坪，注意周围地面情况，路面要平整，没有沟沟坎坎，事先观察好运动范围内的建筑物情况，一旦出现不可控的情况，要及时将风筝线割断，并把线整理好带走，因为在放风筝的过程中人总是在倒行，所以要特别注意防止摔伤。

　　放风筝前记得先热身。放风筝时总是在奔跑，有时可能会无法顾及到脚下而摔倒，容易造成身体的伤害，因此做好热身、舒展筋骨无疑是一种保护。

　　捡风筝时不要去捋风筝线，如果突然起风，软线有可能瞬间变成"钢丝"。放风筝前准备一副手套，遇到大风而无法控制风筝时，不要心疼风筝，要及早松手，或者退而握住风筝线轴，以免手被风筝线割伤。

　　放风筝一定要选在天气晴朗的时候。出门前多观察天气情况，听天气预报，遇有打雷、大风天气要及时"收手"，防止被雷击等意外情况发生。

　　不要随意扔弃风筝。当风筝急速下坠时，要记得及时松手，尤其是风筝线可能拦住马路，更要想法尽快将风筝线落到地面上，并及时挪开；当风筝落在高楼、树枝、电线等高处时，不要不管不顾就离开。应最大程度剪短绳子，必要时请相关部门协助取下，避免它成为割人的利器。

由于风筝运动的特性，需要长时间仰头，同一个姿势要保持较长时间，对于脊椎动脉供血不足的运动者在参与此项运动时尽量避免突然转头，以防脑血管的突然收缩，同时根据自己的身体状况调节参与运动的时间长短。

儿童放风筝要有大人看护。儿童放风筝要选择适合儿童的小型风筝，大人也要同时看护着，防止出现风大拖拉儿童等情况的发生。

远离火源，确保安全。风筝的材质属于易燃物，放风筝时，一定要远离电线和有火源的地方。如果风筝坠落在屋顶、电线杆或者树木上，在捡风筝的过程中一定要注意安全，避免跌伤。如果风筝坠落在电线杆上，要及时与有关部门沟通，不要盲目的在没有任何安全措施的情况下，私自攀爬电线杆，避免意外发生。

对于患有呼吸系统疾病和心血管疾病的运动者尽量避免在喧闹的活动场地长时间进行放风筝运动。

天气、身体综合考虑。要根据天气变化作好对皮肤和身体各器官的保护。避免日光性皮炎以及过度紫外线可能造成的皮肤癌以及烈日下的脱水等。在天气比较冷的时候，末梢神经不好的人要注意气候变化和运动量的适当，因为长时间站立会导致手脚被冻伤。

6. 野外迷路及被困山中的自救措施

　　在野外迷路，是一件很可怕的事情，特别是深入大山深处迷路之后，人迹罕至，如果不能尽快找到正确的方向，很可能会有危险。所以，学会辨别方向十分重要。

　　（1）山中迷路的自救

　　晚上则可以通过寻找北极星来定位。先找到北斗七星，通过斗口的两颗星连线，朝斗口方向延长约五倍远，就找到了北极星。北极星指示的就是正北方，然后再辨别东、西、南方，选正确的方向前进。

　　在白天，可以看太阳的方向来确定基本的方向。如果是阴雨天，难以见到太阳，则可以通过植物辨别方向。一般来说，北侧山坡，低矮的蕨类和藤本植物比阳面更加发育。树木树干的断面可见清晰的年轮，向南一侧的年轮较为稀疏，向北一侧年轮较紧密。南面植物枝叶茂密，北面的植物会没那么茂盛。

　　也可以利用手表来指示方向。将手表时针正对太阳方向，时针与十二点处之间的夹角平分线指向正南北方向。当太阳直射点所在的纬度是你所在的纬度以北，则指向的是正北方向. 当太阳直射点所在的纬度是你所在的纬度以南，则指向的是正南方向。

　　还有更简单的，在一空旷处立一直竿，太阳下直竿有一影子，记下影子的顶点位置，做好标志 A，过十分钟左右，影子的顶点变到另一处，记下位置做好标志 B，此时，AB 两点的垂直平分线向太阳的一方为南。

去野外的必备品就是罗盘（指北针）。一个优质的罗盘是野外旅游的必备品。但要记住：罗盘指针指向"北"或"N"，这个方向是磁北方向，与正北方向有一个偏差角度，应计算出磁偏角的数差，以取得准确的罗盘方向。同时，带指针的手表也是野外迷路时的好帮手。将手表托平，表盘向上，转动手表，将表盒上的时针指向太阳。这时，表的时针与表盘上的12点形成一个夹角，这个夹角的角平分线的延长线方向就是南方。

（2）风雨中迷路的自救

如果是在风雨中迷路，不要慌，冷静下来仔细回想曾经走过的地方，有些什么特殊的标记。如带有地图，查看所在附近有没有危险地带。例如，密集的等高线表示陡峭的山崖，应该绕道而行。溪流的流向是向下的，如果确定返回的方向是要向下，可以顺着水势走，但不要贴近溪涧而行，因为山上流水侵蚀河道的力量很强，河岸都非常陡峭。所以，应该循水声沿溪流下山。

观察有没有炊烟。在山里有住户的地方，都会有炊烟。发现炊烟，可以尽快赶往有住户的地方，一是保证天黑前不留宿山里，二是尽快让自己明确应该朝哪个方向走。

长着浅绿、穗状草丛的洼地边不要轻易靠近，那是只有沼泽地才可能生长的草丛，陷入沼泽会增添更多的麻烦。可以参照树木，枝叶茂盛一些的是南面。

如果实在无法辨明方向，随身携带的雨或简易帐篷的话，可以留宿原地，等天气好转再走（天气一时晴不了的话，最好还是想办法离开）。

（3）黑夜迷路自救

如果身处漆黑的山中，看不清四周环境，更看不清楚道路，就不要继续前行，找一个地方如岩石下面、土坑里容身，等天明再走。如有月光，可看到四周环境，应等待机会。山中如果有公路，有可能会有车经过，通过车灯，你也许能够辨别方向，即使不能辨别方向，也可以观察附近的环境，找到去往公路的路。毕竟公路边比树林中行人要多，机会也就多。同时可以朝有光的方向呼救，有人听见，就能找到方向了。迷路时还可以观星星来辨别方向。北斗七星也就是大熊星座，像一个巨大的勺子，在晴朗的夜空是很容易找到的。

（4）雪地里迷路自救

如果在雪地里迷路，由于天地一色，很难辨识。雪反射的白光与天空的颜色一样时，地形变得模糊不清；地平线、高度、深度和阴影完全隐去。爬山运动员和探险家称这种现象为"乳白天空"。没有参照物，没有固定的路线，此时行走，危险大于就地等待。但如遇暴风雪来临，不得不走时，仔细查看地图，试着用指南针寻找方向。行走过程中要一边走一边向前扔雪球，留意雪球落在什么地方和怎样滚动，以探测斜坡的斜向。如果抛出去的雪球一下子不见踪影，证明再不能前行，前面可能是深谷或者悬崖。也可以通过积雪判断方向，积雪融化多的一面是南面。

（5）雾中迷路自救

被雾笼罩，什么也看不见时，迷路是很正常的。这时拿出地图与指南针，让它们所定位的方向一致。并转至与指南针同向，然后决定向哪个方向走；根据指南针所指，朝自己要走的方向望去，选定一个容易辨认的目标，例如岩石、乔木等。走到这个目标后，再按照指南针指示寻找前方的下一个目标，连续使用这个方法，直至走出浓雾区。如果没有地图，也没有指南针，那最好待在原地等雾散去后再走。

（6）白天迷路后的自救

如果在天气晴好的白天迷路，不用担心，用一根直杆，使其与地面垂直，插在地上，在太阳的照射下形成一个阴影。把一块石子放在影子的顶点处，约15分钟后，直杆影子的顶点移动到另一处时，再放一块石子，然后将两个石子连成一条直线，向太阳的一面是南方，相反的方向是北方，直杆越高、越细、越垂直于地面，影子移动的距离越长，测出的方向就越准。树冠茂密的一面应是南方，稀疏的一面是北方。通过苔藓判断方向的道理与之相同。另外，通过观察树木的年轮也可判明方向。年轮纹路疏的一面朝南方，纹路密的一面朝北方。此外，观察周围的环境也不难找出方向。比如枝叶茂盛的是南方、积雪融化的地方也是南方等。只要我们善于观察，就一定能想到办法。

7. 野外突遇山火的避险措施

山火，又称林火，是一种发生在森林、草原等植被茂密地区的难以控制的火情。有句俗语叫做"家火上山，山火进城"，意思就是指山火一旦发生后容易扩大蔓延，不易扑灭，容易造成重大的经济损失甚至人员伤亡。

由于山火受风向、地势以及林木的可燃性等因素的影响，蔓延速度极难估计，人若陷入其中十分危险，因此掌握正确的逃生要领十分重要。一旦遭遇山火，切记保持镇定，并采取正确防护措施，合理安排逃生路线，以求安全迅速逃生。

避险时需注意以下事项。

（1）不要顺风逃跑

风速很快，而人的体力有限，大火很快会追上你，所以，一定要逆向而逃。

（2）不要向山上逃生

山火都是随着风势向上的。即使山顶就在眼前，也不要向山上跑。山上地势、风向、火情等较为复杂，凡是未经过燃烧的地方随时都有可能被火吞噬，而人往山上跑的速度会越来越慢，随时都有危险。

（3）不要认为树木越深的地方越安全

人们常说"水火无情"，树木越深的地方，燃烧速度越快，而一旦进入深处，你是很难再逃出来的。

（4）不要在鞍部和狭窄山谷避难

当风越过山脊到达鞍部时和山谷时，容易形成水平和垂直旋风，此时人若在其中很容易被伤害到。

（5）不要到草塘沟避险

窄谷、草塘沟会改变林火方向，闭塞的山谷河道会增加热空气的传导速率，容易产生新火点。当窄谷通风状况不良，火势发展缓慢时，将产生大量烟雾并在谷内沉积，有大量一氧化碳形成。

如火势很大，自己不幸处在火中央，可选择已过火或杂草稀疏、地势平坦的、火焰高度相对低的地带，用衣服蒙住头部，快速逆风冲越火线，逃到安全的地方。

如附近有水可把身上衣服浸湿，用湿衣服包头和捂住口鼻，注意是逆风，火顺风蔓延的速度最高可达 8 公里/小时，而人在山林奔跑的速度会越来越慢，甚至远不如火蔓延速度快，如果顺风，人是跑不过火的，还有可能被山火围堵；大火近在眼前，已经来不及冲出去时，选择迎风平坦地段，用水浸湿衣服蒙住头部，两手放在胸部，用湿毛巾捂住口鼻并扒个土坑，紧贴湿土呼吸，卧倒避火，如果风速快，大火很快过去，会躲过一劫；如果待的地方植被稀薄，大火在四周燃烧时，可以先用火将周围的植被点燃烧尽，这样就有了一块避难逃生区域，只要浸湿衣服，卧在地上，待火势离开，就安全了。

有刀的话应当迅速从自己身边开始砍出一个防火圈，阻挡火势。若附近有水，则弄湿全身，遮盖头部。若有水塘、小溪，则赶紧跑到水中央。

若火焰逼近无法脱身，应该伏在空地或岩石上，身体贴地，用外衣遮盖头部，以免吸进浓烟。若在车内，不要下车，并关闭车窗车门及通风设备。若有可能，急速驾车逃走。若有可能，可挖洞藏身，等待大火过去。

大火过后，可逆风而行，穿过已烧过的火区寻找出路。

山火在白天是难被发现的。所以当处于林中时，要随时留意飞灰和火烟味，如发现山火，除非山火范围很小以及有安全的逃生路径，否则不要试图去扑灭它。无论山火大小，无论有没有人身伤害，首先要做的就是拨打119，及时通知消防人员，并尽快远离火场。

8. 被困野外的通用求救方法

如果被困野外怎么办？当然是想办法求救。求救对象可以是家人，可以是朋友，也可以是警察。不管对象是谁，都应以求救成功为目的。

（1）烟

如果是白天被困，可以用烟来引起他人的注意。国际通用的受困信号是三柱烟。为了吸引他人，要尽量使烟的颜色与你所在地的背景区别开来。如你所在地的背景是浅色的，那么你点燃的烟最好是黑烟，这样更能吸引远处人的眼球，如果你所处地的背景是深色，那么尽量让你燃起的烟为白色。具体做法为在火中添加一些湿树叶或浇点水，烟就成白色了，如果在火中加橡胶等污物，烟就成黑色了。在沙漠地区，烟无法升高，总是在地面盘桓，不过在空旷的沙漠地带，飞机上很容易看见下面的烟火。烟只适合于不下雨或雪的日子。

（2）口哨

随身若携带口哨，要不间断地吹口哨以引起别人的注意，山中一般比较安静，声音可以传得比较远，如果没有携带口哨的话，大声呼救或者弄出特别大的声响也能引起他人的注意。呼救时不宜太过频繁，防止浪费过多的体力，也许被困的时间会比想象的长得多，所以保持体力是很重要的事情。

（3）火

如果是夜晚被困，火是最有效的信号手段。生三堆火，使之围成三角

154

形，这是国际通用的受困信号。只要时间和地势允许，尽快把火堆生起来，小心看护不要使它们熄灭，火堆燃烧的时间越长，引起注意的可能性越大。生信号火堆时，要考虑地理位置，例如没有天然的空地，需要自己清理出一片空地；如果是在雪地中，可能需要清理地面的积雪或者搭一个平台来生火，这样火才不会被融化的雪水浇灭；生火堆时还要考虑周围树木生长的环境，不可急于求救而引发山火。

（4）光信号

白天用镜子借助阳光，向可能有人的地方或空中的救援飞机反射间断的光信号。光信号可传 16 公里之远。方法是先瞄准光源将要传达的地方，将反光镜调整反射的阳光，并逐渐将反射光射向瞄准的方向。如果是在夜晚，可以用手电筒的光向远方求救。方法是不间断地闪动手电筒光。

（5）SOS 或其他求救信号

如果被困的地方比较空旷，可以树枝、鲜艳的布条或者其他肉眼比较容易看见的物体，摆放成"SOS"或者别的求救信号，如果山上有飞机飞过，会比较容易看到。

（6）烟雾手榴弹或者星状烟火信号弹

假如在执行任务，那么可以使用烟雾手榴弹或者星状烟火信号弹。红色是国际通用的危险颜色，所以，如果可能的话，使用红色的烟火信号弹，不过任何颜色都可以使救援人员发现位置。星状烟火信号弹射程高度达 200 到 215 米，可持续燃烧六到十秒钟，下落速度为每秒 14 米。

SOS 是国际通用的求救信号。只要有可能，尽量用力所能及的办法表示出 SOS，比如在地上用大的物件摆出 SOS 形状、用布条在高处悬挂出 SOS 的字样、在海滩上利用沙子写出大大的 SOS 等，只要发现 SOS 求救信号，无论被困在任何地方都会有人前来营救。

第七章

自然灾害的自救和逃生技巧

　　地震、火山、洪水、飓风、暴雪、高温、雷击、海啸……这些自然灾害危害巨大又防不胜防，常常是严重意外伤害的源头和祸根。多学一些自然灾害中的自救和逃生技巧，就会让我们多一些生机，少一些伤害。

1. 地震灾害中伤害预防和逃生技巧

地震是世界上最严重的自然灾害之一，也是带来伤害最大的自然灾害之一，其造成的伤亡数占自然灾害死亡人数的一半以上。大地震可移山填海，使房屋倒塌、电线失火、城市毁坏、人员大量伤亡，还会引发山体滑坡、海啸等。如 1960 年发生在南美洲的智利 8.9 级地震、2011 年发生在日本福岛的 9 级地震，破坏力前所未有，福岛地震致 14704 人遇难，10969 人失踪，核电站受损泄漏，巨大海啸更是造成前所未有的破坏。所以面对大地震，一定要学会紧急避险方法，科学自救，寻找逃生机会。

（1）地震中意外伤害预防

地震往往来得让人措手不及，从感觉振动到建筑物被破坏平均只有 12 秒钟，我们需要在这短短的时间内迅速作出保障安全的抉择。如果你在室内且是一楼，那么以最快的速度跑到室外是正确的选择，楼房的话不要急着跳楼，立即关掉所有电源及煤气，以防地震巨大的震动带来爆炸，躲到桌子、衣柜或床铺等空间小承受力相对大的物件下。学校、商店、娱乐场所等地方不要往出口方向跑，立即寻找支撑物来躲避，待地震过后余震还没来前赶紧离开。

如果是在街道上遇到地震，应用手护住头部，迅速远离楼房，到空旷的地方避难。

不要在车内避难。地震时大地的晃动，会致使人无法把握方向盘，同时躲在车内避难会因路边坠落的物体砸伤，所以在地震时要离开车辆，靠近车辆坐下，或躺在车边，不要钻到车底下，垂直落下的巨大物体会压扁车体导致丧生。

千万不要走楼梯。楼梯与建筑物摇晃的频率不同，楼梯和大楼的结构物不断地发生碰撞，使楼梯比建筑物的主体部分摇晃得更严重，一旦楼梯遭到破坏，人会坠地。

如果时间来得及，带好手机和充电器，方便于震后与家人取得联系。

不要依赖高大的建筑物。地震来时，身边的门柱、墙壁大多会成为扶靠的对象。这些看上去挺结实牢固的东西，实际上却是危险的。如：楼房、高大烟囱、水塔下，立交桥等看似牢固的建筑物，越靠近它，危险会越多，因为它随时可能因为坍塌而将人砸伤甚至活埋。

（2）地震中的逃生自救技巧

震时就近躲避，震后迅速撤离到安全地方，是应急避震较好的办法。躲避应选择室内结实、能掩护身体的物体旁、易于形成三角空间的地方，空间小、有支撑的地方，室外开阔、安全的地方。藏身时尽量蜷曲身体，降低身体重心的姿势。

地震来时，由于强烈的晃动会造成门窗错位，打不开门，这也意味着逃生的出口被封闭，所以在第一时间将门打开，确保自己一有机会就能向外冲。

不要盲目地向外跑。巨大的晃动会让屋顶上的砖瓦、广告牌等掉下来砸在身上，最安全的做法是尽快找个藏身的地方，空间越小越好。

如果震后不幸被废墟埋压，要尽量保持冷静，设法自救。首先要保存好体力，不要作无谓的挣扎。等地震停下来后，仔细观察身边的环境，设法移动身边可动之物，如果一时不能逃脱，尽量将容身空间扩大，进行加固，以防余震。这时不要用明火，防止易燃气泄漏爆炸。如果有刺鼻的气味，可能是附近有毒气泄漏，这时要捂住口鼻，防止吸入有毒气体。

严重受伤后要不停地呼救，让其他人早些发现你，帮助你脱离危险。

如果在野外，要避开山边的危险环境，避开山脚、陡崖，以防山崩、滚石、泥石流等；避开陡峭的山坡、山崖，以防地裂、滑坡等，地震停下来后，迅速离开这些危险的地方。

（3）地震时被压在废墟下的自救措施

震后，外界救援队伍不可能立即赶到受灾现场，在这种情况下，应积极互救，这也是减少伤亡最有效的办法。

地震时如被埋压在废墟下，一定不要惊慌，要沉着，树立生存的信心，相信会有人来救你，要千方百计保护自己，坚持下去，等待救援。在精神上不能崩溃，要尽量保持冷静，树立顽强的生存勇气和信心，并设法利用现有的一切条件自救，等到救援人员到来。

等待救援需要一定的时间，此时，要稳定下来，改善自己所处的环境，设法脱险。等待救援时，先要弄清自己所处的环境和身体状况，看看有没有受伤。争取将双手从压塌物中抽出来，并清除掉头部、口鼻以及胸前的灰土，保持正常的呼吸。闻到煤气、毒气时，用湿衣服等物捂住口、鼻；避开身体上方不结实的倒塌物和其他容易引起掉落的物体；并尽可能扩大和稳定生存空间，保持足够的空气。用砖块、木棍等支撑残垣断壁，以防余震发生后，环境进一步恶化。若周围有管道，可以用手边的硬物敲击铁管、墙壁，以发出求救信号；观察四周有无通道或光亮，分析判断自己所处的位置，从哪个方位最可能脱险；试着排除障碍，开辟逃生通道，尽量朝着有光线和空气清新的地方移动。

无法脱险时，要保存体力，不要大喊大叫。哭喊、急躁和盲目行动，只会大量消耗精力和体力，弱化求生信心。尽可能控制自己的情绪或闭目休息，等待救援人员到来。同时要积极寻找食物和水，并节约使用。

如果受伤，要想法包扎，避免流血过多。如果被埋在废墟下的时间比较长，救援人员未到，或者没有听到呼救信号，就要想办法维持自己的生命，防震包的水和食品一定要节约，尽量寻找水和食物，必要时自己的尿液也可以延缓生命。

积极主动配合地面营救。如几个人同时被埋压时，要相互鼓励，团结配合，等待救援。听到地面有人时，应用硬物敲击能发出声响的物体，如铁管、墙壁，发出求救信号。

（4）地震救援与受伤紧急处置方法

地震发生后，活着的人应积极参与救助工作，可将耳朵靠墙，听听是否有幸存者声音。中小学生第一是先自救，为防余震，最好待在安全的避难所内。地震是一瞬间发生的，任何人应先保存自己，再展开救助。先救易，后救难；先救近，后救远。

营救之前，先了解被埋压人员周围的环境，有计划、有步骤地进行救援工作。营救时准确定位，判断其被埋压的位置，以向废墟中喊话、敲击等方式传递营救信息。一定要注意被埋压人员的安全，避免刨挖工具伤及被埋压人员，避免破坏被埋压人员所处空间周围的支撑条件，避免引起二次坍塌。

尽快打通外界与被埋压人员的空间，使新鲜空气流入。如果一时难以救出，先将被埋压人员的头部暴露出来，清除口鼻内的尘土，以保证呼吸顺畅。如有窒息，立即进行人工呼吸。设法向被埋压人员输送饮用水、食物和药品，维持生命。扒救被埋压人员时遵循的原则为：应当先抢救医院、学校、幼儿园、影剧院等人员密集地方的人；应先易后难；先近后远；先轻伤后重伤；先救幸存者后挖遇难者。

对于被埋压程度浅，伤势不重的但又不能马上完全挖出者，可先将头、胸露出，无生命之虞后，交由护理人员照顾。赶紧再扒救周围的其他被埋压者。总的原则是争取时间，扩大战果，最大限度地减少由于扒救、挖掘的拖延和失误造成的伤亡。首先确定头部位置，将头部扒出，并设法将呼吸道堵塞物排除，然后清理胸部上的埋压物，再将其上肢和下肢解脱出来；在无法确定伤情之前，绝对禁止强力牵拉四肢；切忌因救人心切，忽略上下左右的环境伤害其他未被挖救者。

扒挖接近被埋压人员时,不可利用利器;扒挖时要注意分清支撑物和非支撑物,不要破坏支撑条件,以免造成新的坍塌。扒挖时应尽早使封闭空间与外界沟通,以使新鲜空气流通进去,同时将水、食物或药品送入被救者处。扒挖过程中灰尘太大时,可喷水降尘,以免使被埋压人员呼吸困难。对于伤害严重,不能自行离开的被埋压人员,应该设法小心地清除其身上和周围的埋压物,再将被埋压人员抬出废墟,切忌强拉硬拖。将埋压人员抬出废墟时,切忌强拉硬拖,应小心地清除其身上和周围的埋压物。

从地震废墟中救人,就是与时间赛跑,与死神争夺生命。据以往救灾经验,在震后三天之内救出的被埋压者的存活率大大高于三天以后的存活率。这三天的 72 小时就称为地震救援的黄金 72 小时,因而救援要争分夺秒,一刻不能耽误。

救出被埋压人员后,要立即进行检查和抢救。先检查被埋压人员的伤势,查看伤情。对伤者根据受伤轻重,采取包扎或送医疗点抢救治疗。特别是危重伤员,应尽可能在现场急救包扎后,迅速送往医疗点。

埋在废墟中时间较长的幸存者,长时间处于黑暗中,眼睛不能受强光刺激,因此,在被救后应该用深色布料蒙上幸存者的眼睛。刚刚救出来的人员不能一下给予大量的食物和饮水,同时,应避免被救者情绪过于激动。

对于饥渴时间过长的幸存者,进水、进食要循序渐进,先缓慢进些流食、半流食,然后再逐步恢复正常饮食,不可一下子补充太多水和饮食。

2. 震后心理自救技巧

　　地震后受伤的恢复大都与震时自救处理有直接关系。如果在地震时伤口处理得当，后期治疗就相对简单，也恢复得更快。但有些因为不懂得正确处理伤口的方法反而让伤口加重，这就让后期恢复更加困难了。

　　相对于外伤来说，更多的人难以恢复的是心理疾病。突如其来的灾难让许多人无家可归，有的还失去了亲人，这在许多人心里留下了阴影，一时走不出地震带来的灾难阴影，同时在救助现场一些人因为目睹了太多的生死离别而心理上产生一系列的变化。这要求我们在接受心理辅导的同时，还要积极进行心理自救，让自己尽快从心理阴影中走出来，重新开始新的生活。

　　一般经受过地震的人都有一些心理阴影，表现为幸存者不爱说话，语速较之前明显缓慢；情绪十分低落，对于惨痛记忆的诉说没有任何情绪表露，甚至表现出对身体的严重创伤以及丢失的财产无所谓；睡眠障碍，有的人整夜不眠，噩梦不断；有的人惊恐，敏感，老是感觉房子要倒了；行为失控，经常莫名的喊叫、奔跑。

　　目击者则会感到体能下降易疲劳，产生生理上的不适感；与他人交流不畅，情感迟钝，失去对公平、善恶的信念，愤世嫉俗。对自己经历的一切感到麻木与困惑因心力交瘁、筋疲力尽而觉得生气；感到软弱内疚，觉得自己本可以做得更好、做得更多而产生罪恶感，怀疑自己是否已尽力，过分地为受害者悲伤、忧郁。

要走出震后受伤心理，重新面对生活，要注意以下几个方面。

首先要正视突如其来的灾难。地震是自然灾害，不是针对某一个人而来的。受到伤害的并不在少数，自己只是其中一名。同时要告诉自己，受灾后有太多的人在关心和帮助自己及家人，为的是让自己和家人以后生活得更好。

其次，一定要大胆地宣泄出来；承认自己的心理感受，不必刻意强迫自己抵制或否认在面对灾害和突发事件时产生的害怕、担忧。

对于幸存者，尽量找人陪伴，或者从自闭状态中大胆走出去，与他人交流，尝试温暖与安全感。从心里告诉自己，事实已经摆在眼前，只有面对才是更好的办法，否则失去的亲人会更加伤心难过，同时接受一些专业的心理辅导，不要拒绝别人的帮助。

对于救援者，一定要相信自己所做的一切都是有意义的，只是每个人的能力有限，面对巨大的灾难，你已经尽力了。看到被自己救援回来的伤员，应有一种心理上的安慰，找回自己的价值所在。多与家人在一起谈心，感受生活的温暖和团聚的不容易，以帮助自己减少心理负担和罪责感。

无论是幸存者还是救援者，都要多参加社会活动，包括帮助一些需要帮助的人，从而使他们找回生活的信心。同时要多休息，保证足够的睡眠和营养。

3. 滑坡、泥石流逃生及伤害紧急处理

滑坡和泥石流是自然现象，是地球表面的斜坡土石大量下滑的现象，速度快的会出现火光，产生巨响，对建筑物、农田、铁路造成很大的破坏；泥石流常常具有暴发突然、来势凶猛、迅速之特点。并兼有崩塌、滑坡和洪水破坏的多重作用，其危害程度比单一的崩塌、滑坡和洪水更为严重。滑坡与泥石流常常一起发生。

（1）滑坡、泥石流逃生方法

沿山谷徒步行走时，一旦遭遇大雨，发现山谷有异常的声音或听到警报时，可能是即将发生滑坡或泥石流。这时要立即向坚固的高地或与泥石流成垂直方向一边的山坡上面爬，爬得越高越好，绝对不能向泥石流的流动方向走，更不要在谷地停留。逃离时不能沿沟向下或向上跑，离开沟道、河谷地带；不要在土质松软、土体不稳定的斜坡停留，以免斜坡失稳下滑。

如果在室内，一定要设法从房中跑出来，尽可能到开阔平坦的地带去，如有开阔平坦的高地，尽量爬上去，泥石流与滑坡速度虽然快，但一般前期都有异响，所以只要速度快，一般是可以逃出来的。滑坡或泥石流停止后，不要马上进屋。要确认滑坡或泥石流没有损坏房屋且不会再受到损坏后才可以进入。

不要爬上树躲避。泥石流与滑坡除了速度快以外，摧毁力极强，所经之地，可能寸草不留，所以再大的树也不可能逃脱。

（2）遭遇滑坡、泥石流后的伤害紧急处理

因为泥石流与滑坡伤害力度大、伤害面积广，所以在伤害急救时要以先救命，再救伤的顺序进行。有外伤但已经脱离危险区的，可以暂缓救治（除非外伤严重，有生命危险的），尽快将滑坡体后缘的水排开，从滑坡体的侧面开始挖掘，先救被埋压的人。发现被埋压的人后，要停止用机械挖掘，最好用手刨挖泥石，以免伤到被压埋者。刨挖过程中要注意观察，看首先露出的是伤者的什么部位，然后根据人体来判断伤者的头部，尽快让伤者头部露出来，这样才能保证伤者有呼吸，已经停止呼吸的伤员要做心肺复苏。

对于被埋压者，找不到脱离险境的好办法，就要尽量保存体力，不要哭喊、不要乱动，更不要拼命挣扎，以免使骨头错位，影响下一步治疗。如果手能动，可以用石块敲击能发出声响的物体，向外发出呼救信号，让救援队伍迅速找到你。

4. 洪涝灾害中的自救措施和伤害防范

俗话说，"水淹一线，火烧一片"，洪灾一般来说是有一定的路径的，注意避开洪水可能的路径，对于逃生极为重要。现在暴雨或洪水都会有预报，平时一定要注意灾难预报，提前做好准备。

（1）洪灾中的避险和自救

暴雨来临时，应关好门窗，将置于阳台、窗外的花盆等易坠物品移入室内。把家中的电源插头拔掉。低洼院落、平房或是地下室进水了，首先应切断电源，然后将人员转移到安全地区。为防止洪水涌入屋内，首先要堵住大门下面所有空隙。最好在门槛外侧放上沙袋，也可用麻袋、草袋或布袋、塑料袋，里面塞满沙子、泥土、碎石。如果预料洪水还会上涨，那么底层窗户外也要堆上沙袋。

在户外的话，应立即到室内避雨，千万不要在高楼下停留，也不要在大型广告牌下躲雨或停留，以免物品坠落砸伤；切忌用手接触地面、在大树下躲避雷雨、使用手机等；暴雨中开车应打开雨雾灯，减速慢行，尽量不要穿越有水浸的道路。

根据当地电视、广播等媒体提供的洪水信息，结合自己所处的位置和条件，冷静地选择最佳路线撤离，避免出现"人未走水先到"的被动局面。洪水到来时，来不及转移的人员，要就近迅速向山坡、高地等地转移，或者立即爬上屋顶、楼房高层、大树、高墙等高的地方暂避。尽量带上一些食品和衣物。

如洪水继续上涨，暂避的地方已难自保，则要充分利用准备好的救生器材逃生，或者迅速找一些门板、桌椅、木床、大块的泡沫塑料等能漂浮的材料扎成筏逃生。在离开家门之前，还要把煤气阀、电源总开关等关掉，时间允许的话，将贵重物品用毛毯卷好，收藏在楼上的柜子里。出门时最好把房门关好，以免家产随水漂流掉。

如果洪水来得太快，已经来不及转移时，要立即爬上屋顶、楼房高屋、大树、高墙，暂时避险，等待援救。千万不要游泳逃生，不可攀爬带电的电线杆、铁塔，也不要爬到泥坯房的屋顶。在楼上储备一些食物、饮用水、保暖衣物以及烧开水的用具。

如果已被洪水包围，要设法尽快与当地防汛部门取得联系，利用通讯设施联系救援。可利用眼镜片、镜子在阳光照射下的反光发出求救信号，报告自己的方位和险情，积极寻求救援。

如果已被卷入洪水中，不要惊慌，一定要尽可能抓住固定的或能漂浮的东西，寻找机会逃生。或就近攀上安全的建筑物，发出求救信号，如晃动衣服或树枝、大声呼救等。如果离岸较远，周围又没有其他人或船舶，就不要盲目游动，以免体力消耗殆尽。

发现高压线铁塔倾倒、电线低垂或断折时，一定要远离避险，切不可触摸或接近，防止触电。

沿河居住或洪水多发区内的居民，平时应尽可能多地了解洪水灾害防御的基本知识，掌握逃生自救的本领。

汛期，多听多看天气预报，留心、注意险情可能发生的前兆，动员家人随时做好安全转移的思想准备。防汛主管部门统一调度时，要服从指令，不得擅自个人行动。

被洪水围困时，无论是孤身一人还是聚集人群，突遇洪水围困于基础较牢固的高岗台地或砖混、框架结构的住宅楼时，只要有序固守等待救援或等待陡涨陡落的山洪消退后即可解围。如遭遇洪水围困于低洼处的岸边或木、土结构的住房时，有通讯条件的，可利用通讯工具向当地政府和防汛部门报告，寻求救援；无通信条件的，可制造烟火或来回挥动颜色鲜艳的衣物或集体同声呼救，不断向外界发出紧急求助信号，求得尽早解救；情况危急时，可寻找体积较大的漂浮物等，主动采取自救措施。

洪水过后，要服用预防流行病的药物，做好卫生防疫工作，避免发生传染病。

（2）洪涝灾害中的伤害防范和自救

在洪水包围的情况下，要尽可能利用容积大的容器，如油桶、储水桶、空的饮料瓶、木酒桶或塑料桶、足球、篮球、树木、桌椅板凳、箱柜等质地好的木质家具等作为临时救生品，进行水上转移。

万一掉进水里，不要慌张，尽量让身体漂浮在水面，头部浮出水面，大声呼救。如在屋外，爬上大树也可以暂时避险。

落水并出现突然抽筋，可深吸一口气潜入水中，伸直抽筋的那条腿，用手将脚趾向上扳，以解除抽筋，处理完后快速找到安全的地方避险，以防止再次抽筋。

如果来不及下车，车内已经进水，车门打不开时，不要砸前挡风玻璃，应该击打车窗玻璃四角，因为前挡风玻璃比侧面的玻璃坚固很多。如果车窗打不碎，就静静等待车子进水。当车内的水深度接近头部时，深吸一口气，推开车门，此时，车内外水压相差不大，车门容易被打开。

如果被困在某一低处的房间内，要大声呼救并想办法打碎门窗玻璃游出来。

5. 气象灾害伤害防范及应急处理方法

气象灾害是自然灾害之一。主要包括亚洲热带风暴，中国沿海城市区域出现的台风、南方地区的干旱、高温、山洪、雷电、中国北方的沙尘暴等，北美地区常见的飓风、龙卷风、冰雹、暴雨（雪）。中国是世界上自然灾害发生十分频繁、灾害种类多，造成损失十分严重的少数国家之一。气象灾害是发生频率较高、影响较大、危害较严重的一种自然灾害。灾害性天气发生时，如能及时采取防范措施，就能最大限度地减少损失，减轻气象灾害。

（1）龙卷风的防范及应急处理

龙卷风的破坏力极强。发生龙卷风时如果在家，一定要远离门窗和房屋的外围墙壁，躲到与龙卷风方向相反的墙壁或小房间内蹲下，用双手护住头，以防止意外伤害。躲避龙卷风最安全的地方是地下室或半地下室。发生电杆或房屋倒塌时，要快速切断电源，防止电击人体或引起火灾。火灾是龙卷风次生灾害最严重的。

在野外遇龙卷风时，应就近寻找低洼地伏于地面。不要在大树、电杆等下面躲避，以免被砸伤或触电。开车时遇到龙卷风时要快速下车，并找低处或大的岩石根下躲避，不要企图躲在车里，因为汽车对龙卷风几乎没有防御能力。

（2）暴雨的伤害防范及应急措施

暴雨是指一定时间内强度大的雨。如果一小时降雨≥16毫米，或者12

小时降雨≥30 毫米，或者 24 小时降雨≥50 毫米，都称为暴雨。

暴雨来时，要检查家中电路、炉火等设施是否安全，关闭电源总开关；暴雨时不要出门，以免被洪水困住或被雷电击伤；如果是危旧房屋或处于地势低洼的地方，应及时转移，以免发生洪涝时无法撤离；不要在下暴雨时骑自行车；开车时在遇到路面或立交桥下积水过深时，应尽量绕行，不要强行通过，不能绕道时，应下车观察水情再缓慢通过；尽量不要在街道上行走，以防止跌入窨井或坑、洞中；不要将垃圾、杂物等丢入下水道，以防堵塞及暴雨时积水成灾。

突降暴雨时如果正在路上，要注意自救。最好在暴雨来临前找好一个安全的地方，并停留至暴雨结束为止。暴雨中的安全地方是指牢固的建筑物，地势较高的建筑物。

如果暴雨已经开始，请就近找一地势较高的牢固建筑物躲避暴雨，并尽可能联络家人，告知你的具体位置，让家人放心。如果路面开始水浸，请不要贸然涉水，宁愿停在路中淋雨也不要试图涉水。

暴雨伴随雷电时，注意防雷。尽量待在安全的建筑物中，保持身体干燥。如果无建筑物可躲避，在马路上淋雨的话，请不要站树下，电线杆下，也要把手中的雨伞扔掉。此外，在室外时切勿使用手机。

暴雨持续的话，及时评估藏身之处的安全性。尤其是容易发生泥石流的地区，请保持警惕，注意外界动向，以方便随时更换躲避的场所。

远离建筑工地的临时围墙，还有建在山坡上的围墙，也不要站在不牢固的临时建筑物旁边。就近迅速向山坡，高地，楼房，避洪台等地转移，或者立即爬上屋顶、楼房高层、大树、高墙等高的地方暂避。

不要私自一个人游泳转移。不可攀爬带电的电线杆、铁塔、也不要爬到泥坯房的屋顶。发现高压线铁塔倾倒，电线低垂或断折，不可触摸或接近，防止触电。

如果暴雨来临时正开车行驶在路上，要注意以下几点防范意外伤害，开展自救。

一要防止涉水陷车。当车经过有积水或者立交桥下、深槽隧道等有大水漫溢的路面时，首先应停车查看积水的深度，防止积水过深造成发动机熄火或进水。

二要保持良好的视野。雨天开车上路除了谨慎驾驶以外，要及时打开雨刷器，天气昏暗时还应开启近光灯和防雾灯。如果前挡风玻璃有霜气，则需开冷气，并将冷气吹向前挡风玻璃。

三是防止车轮侧滑。雨中行车时，路面上的雨水与轮胎之间形成"润滑剂"，使汽车的制动性变差，容易产生侧滑。因此，司机要双手平衡握住方向盘，保持直线和低速行驶，需要转弯时，应当缓踩刹车，以防轮胎抱死而造成车辆侧滑。

四是低速挡缓慢行驶。无论道路宽窄、路面状况好坏，暴雨中行驶时速切记保持低挡缓慢行驶，随时注意观察前后车辆与自己车的距离，提前做好采取各种应急措施的心理准备。如需停车时，尽量提前100米左右减速、轻点刹车，使后面来车有足够的应急准备时间。

五是注意观察行人。由于雨中的行人撑伞，骑车人穿雨披，他们的视线、听觉、反应等受到限制，有时还为了赶路横穿猛拐，往往在车辆临近时惊慌失措而滑倒，使司机措手不及。遇到这种情况时，司机应减速慢行，耐心避让，必要时可选择安全地点停车，切不可急躁地与行人和自行车抢行。

六是及时开启车灯。遇有暴雨视线极低时，应当开启前照灯、示廓灯和后位灯，并把车辆驶离路面或停在安全的地方。

（3）雾灾的防护与应急措施

大雾时尽量不要外出，必须外出时，要戴上口罩，防止吸入有毒气体；不要选择大雾天气出远门，因为大雾天气机场和高速路都会封闭；尽量少在雾中活动，不要在雾中锻炼身体。行人穿越马路要当心，看清来往车辆；驾驶车辆和骑车要减速慢行，听从交警指挥，乘车（船）不要争先恐后，遇渡轮停航时，不要拥挤在渡口处。

（4）台风伤害防范及应急处理方法

台风来临前，应准备好手电筒、收音机、食物、饮用水及常用药品等，以备急需；交足手机话费，保持手机电力充足，预防在台风来临，可以通过手机联系或者求救；关好门窗，检查门窗是否坚固；取下悬挂的东西；检查电路、炉火、煤气等设施是否安全；最好不要出门，以防被砸、被压、触电等不测；准备手电、食物及饮用水；气象台发出台风警报后，不要到海滩游泳或到台风经过的地区旅游，外出的人应尽快回家。

（5）寒潮伤害防范及应急处理办法

寒潮是冬季的一种灾害性天气，人们习惯把寒潮称为寒流。是指来自高纬度地区的寒冷空气，在特定的天气形势下迅速加强并向中低纬度地区侵入，造成沿途地区剧烈降温、大风和雨雪天气。

当气温发生骤降时，要注意添衣保暖，特别是要注意手、脸的保暖，衣服鞋袜要宽松保暖性能好，其中要特别重视头部、胸部和足部的保暖；适当多吃些含热量高、含脂肪丰富的食品，如羊肉、狗肉、猪肉、鱼虾、鸡肉等，其他含铁、含碘丰富的食品以及蔬菜、水果、姜、辣椒等，都是有助于增强防寒保暖；关好门窗，固紧室外搭建物，保证室内温度能达到18 度以上；寒潮来临应尽量减少外出，特别是心血管病人、哮喘病人等对气温变化敏感的人群尽量不要外出，必须外出时，需多穿一些，帽子、围巾、手套等都不可缺；根据自己的身体情况作一些适当的锻炼。

（6）雷电伤害预防与应急措施

发生雷电时应该留在室内，并关好门窗，在室外工作的人应躲入建筑物内。不要使用无防雷措施或防雷措施不足的电视、音响等电器，不要使用水龙头，尤其是金属水龙头；不要使用手机；不要站在山顶或楼顶；不要骑摩托车和自行车；不要在大树、电线杆、高大建筑物附近避雨，无处避雨时要尽量降低身体的高度，低下头，因头部最易被雷击中；不要在雨水天气游泳。

6. 沙尘暴避险要点

沙尘暴是指强风从地面卷起大量沙尘，使水平能见度小于 1 千米，具有突发性和持续时间较短特点，发生的概率小、危害大的灾害性天气现象。当沙尘暴来临时，应学会避免和急救措施。

（1）沙尘暴天气生活避险要点

沙尘暴即将或已经发生时，最好不要外出，小孩必须外出的应由成年人陪同。

关注天气预报，有沙尘暴天气时不要在室外进行体育运动和休闲活动，并在沙尘暴到来之前将人员疏散到安全的地方躲避。

沙尘暴天气能见度差，视线不好，最好不要骑车，已经在路上的应靠路边推行。行人过马路时要观察两边的来车，确认安全后再快速穿过马路。

发生沙尘暴时，沙尘暴如果伴有大风，行人特别是小孩要远离水渠、水沟、水库等，避免落水发生溺水事故。

行人在途中突然遭遇强沙尘暴，应寻找安全地点就地躲避。

（2）沙尘暴伤害急救措施

沙尘暴会引起多方面的健康损害。皮肤、眼、鼻、喉等直接接触部位的损害主要是刺激症状和过敏反应，而肺部表现则更为严重和广泛。

遭遇沙尘暴，应立即戴上口罩。口罩可减少脸部因沙尘带来的刺激，避免与空气直接接触，如果是敏感肌肤，最好选戴一次性口罩。

风沙吹入眼内会造成角膜擦伤、结膜充血、眼干、流泪。尘沙进入眼内，不能用脏手揉搓，尽快用流动的清水冲洗或滴几滴眼药水，不但能保持眼睛湿润易于尘沙流出，还可起到抗感染的作用。有沙尘暴天气时，出门应戴防尘眼镜，眼睛受伤应尽早去医院治疗。

鼻子因为呼吸而容易导致沙尘进入鼻腔。外出后一定要仔细清洗鼻腔。可以用鼻子轻轻地吸入清水，然后再把清水擤出来，用以保持鼻腔的清洁，既能清洗鼻腔，阻挡颗粒物进入肺部，又能刺激经穴，调节生理功能，保护鼻子。即使不外出，有沙尘暴天气时，也要关好门窗，及时关闭门窗，以减少吸入体内的沙尘。

沙尘对皮肤的刺激很大。尤其是化过妆的皮肤，更容易沾上沙尘。外出回家后，应该马上洗掉沾在脸上的化妆品和脏污。

沙尘暴使得一些呼吸道本来就不健康的人出现干咳、咳痰、咯血症状，同时还可能伴有高烧。此外，大风使地表蒸发强烈，驱走大量的水汽，空气中的湿度大大降低，使人口干唇裂，鼻腔黏膜因干燥而弹性削弱，易出现微小裂口，防病功能随之降低，空气中的病菌就会乘虚而入，如出现上述症状，应即时就医，并注意多喝水多吃水果。

沙尘暴对心理健康同样有影响。当沙尘暴出现时，空气及沙尘的冲撞摩擦噪音，会使人们心里感到不舒服，特别是大风，能直接影响人体的神经系统，使人头痛、恶心、烦躁；其次，猛烈的大风、沙尘使空气中负氧离子严重减少，导致一些对天气变化敏感的人体内发生变化，产生神经紧张和疲劳；由于沙尘暴的原因，哪怕是白天，能见度也很低，光线阴暗，让人产生一种压抑和恐惧之感。应对这种心理，首先要相信这是自然现象，并且这种现象很快就会消失，同时关注天气预报，在沙尘暴还没有来临之前接受它。多了解沙尘暴常识对调整心理状态也有帮助。

7. 火山喷发伤害避险要点

火山喷发的火山灰不同于烟灰，它是坚硬的小颗粒，不溶于水。吸入火山灰会导致人和动物的呼吸道和肺部受损，导致呼吸疾病。火山灰对机械设备会产生影响，使汽车、飞机等交通工具受损。

火山喷发的危害主要来自于四个方面：第一是热蒸汽。喷发时，从火山口会喷出大量灼热的蒸汽，这些蒸汽的温度高达 300 摄氏度以上，所到之处可烘干一切。第二是熔岩。火山喷发会喷出大量地下岩浆，这些岩浆普遍温度能达到 900 摄氏度，如果有生物不慎触碰到熔岩，就会被瞬间烧死。第三是火山灰。火山灰中含有大量二氧化碳和二氧化硫，当覆盖在一定区域时，可使该区域变成缺氧区。第四是火山碎屑流。在火山喷发时携带的大量碎屑，会像洪水一样俯冲而下，有些则会像炮弹一样炸飞出去。火山碎屑流的内部温度能达到 600 摄氏度，足以灭杀所有生命。

（1）避免火山喷发伤害的方法

大部分情况下，警笛是最先通知险情的方法，也可以通过其他方法来判断险情。如果发现火山喷发碎石灰尘，或者感到地震，请及时打开广播电视收听公告，并及时查阅资讯，判断自己所在地区是否有危险，了解险情，并作好撤离的准备。

要防范火山灰进入。确保全家人都躲在室内，且所有食品饮用水都在屋里。接到撤离通知后要尽快撤离。如果等待过久，就会遭遇火山灰，导致汽车难以发动，造成逃生困难。要防火山灰危害，就戴上护目镜、通气管面罩或滑雪镜，能保护眼睛。用一块湿布护住嘴和鼻子，或者如果可能，用工业防毒面具。到达安全地带后脱去衣服，彻底洗净暴露在外的皮肤，用干净水冲洗眼睛。

要防范熔岩流伤害。发现有熔岩逼近时，要先观察熔岩流的路线，再从安全的地带迅速跑开。

要躲避喷射物危害。如果从靠近火山喷发处逃离时，头盔是最好的防护用品。方法是戴好头盔，快速向更远的方向跑。

如果有气体球状物，应及时躲避。但除非有坚实的建筑物供躲避，否则只有跳入水中，屏住呼吸半分钟左右，球状物就会滚过去。

无法撤离时，尽量逃往高地。逃往高地的时候要注意提防火山碎屑，也就是火山所喷发出来的碎屑或石块，它们的温度极高。

不要试图跨越地热区。火山附近常见泥塘，间歇泉，热地，这些地方附近的土层很薄，不慎跌入或造成严重烫伤或死亡；火山喷发后产生的泥石流和洪水比熔岩和火山碎屑更致命，即便远离火山百里之外也无法保证安全。千万不要试图穿越熔岩流或火山泥石流。

避开有毒气体。火山喷发时会夹带大量有毒气体，吸入人体会致命。呼吸时要戴口罩，防毒面具，或者沾湿的布条，然后尽快逃离火山。注意不要趴在地上，许多致命毒气密度大于空气，会积聚在地表附近。

（2）火山伤害救治

火山喷发可能引起的伤害有烧伤、高温灼伤、中毒及各种外伤。

如果烧伤不是很严重，比如只是起水疱，或是局部发红，先应该用冷水冲洗，冷水可以降低局部的温度，减少高温引起的局部损伤。如果是大面积烧伤，被烧伤的创面要用清洁的被单或衣服简单包扎，注意不要将创面上的水泡弄破，也不要在创面上涂抹任何治疗烧伤的药品，避免影响医生深度判断；大面积烧伤的患者只能给其喝淡盐水而不能大量喝淡水，否则会加剧水肿，出现低钠血症等并发症，对伤员进行简单包扎后送往医院。

177

如果仅仅是擦伤或表皮割伤，可先用生理盐水清洗伤口（如条件所限也可用清水），再用碘伏或碘酒等擦涂在伤口上，然后用创可贴包好伤口，伤口大一点的用干净的纱布包扎。如果受伤面积大，伤口深或者流血很严重，应该采用止血方法止血后快速去医院治疗。

如果吸入毒气，需进行急救处理。火山有毒气体主要有二氧化碳、硫化氢、二氧化硫以及甲烷等。吸入毒气会让人头昏、头痛、眼花和耳鸣，此外还有气急、脉搏加快、无力、血压升高和精神兴奋等症状，甚至会导致神志丧失。重症急性发作会出现在中毒后几秒钟之内，中毒者像触电般倒下，并出现昏迷、反射消失、瞳孔扩大、大小便失禁和呕吐等。病情严重者会有呼吸停止和休克，中毒较轻者可在几小时内逐步苏醒，但仍会感觉头痛、头晕、无力等，往往要两三天才能恢复。急救时应立即将病人移到空气新鲜的地方，松解衣服，但要注意保暖。对呼吸心跳停止者立即行人工呼吸和胸外心脏按压，并肌注呼吸兴奋剂同时给氧。昏迷者针刺人中、十宣、涌泉等穴，等病人自主呼吸、心跳恢复后将其送到医院接受治疗。

安全格言警句

1. 安全第一，预防为主。

2. 以人为本，安全第一。

3. 科技兴安，杜绝隐患。

4. 防火一松，人财两空。

5. 投入不可少，防范最重要。

6. 止之于始萌，绝之于未形。

7. 狼找离群羊，祸找违章人。

8. 人人讲安全，安全为人人。

9. 喝酒莫开车，开车莫违章。

10. 文明行路路畅通，平安回家家温馨。

11. 人人讲安全，家家保平安。

12. 小心无大错，粗心铸大过。

13. 生产秩序乱，事故到处钻。

14. 忽视安全等于轻视生命。

15. 患生于疏忽，祸发于细微。

16. 生命至高无上，安全责任为天。

17. 严格安全检查，避免严重后果。

18. 加强劳动保护，预防事故发生。

19. 积金山，垒银山，安全生产是靠山。

20. 细小漏洞不补，事故洪流难堵。

21. 生产遵守纪律，确保安全第一。

22. 举安全之盾，防事故隐患。

23. 高高兴兴上班，平平安安回家。

24. 人人遵章守纪，确保安全第一。

25. 只有预防万一，才能万无一失。

26. 时时注意安全，处处预防事故。

27. 安全生产你管我管，大家管才平安。事故隐患你查我查，人人查方安全。

28. 寒霜偏打无根草，事故专找懒惰人。

29. 乌云聚积要下雨，隐患积聚要出祸。

30. 铲除杂草要趁小，整改隐患要趁早。

31. 事故隐患不除尽，等于放虎归山林。

32. 智者遵规范，愚者盲目干。

33. 一人把关一处安，众人把关稳如山。

34. 快刀不磨易生锈，安全不抓出纰漏。

35. 安全行车千万里，出事就在一两里。

36. 隐患处处有，安全时时记。

37. 安全是朵幸福花，大家浇灌美如画。

38. 安全多下及时雨，教育少放马后炮。

39. 训你违规是爱你，宠你麻痹是害你。

40. 让一步桥宽路阔，等一时车顺人欢。

41. 船到江心补漏迟，事故临头后悔晚。

42. 事故牵动千万家，安全守护你我他。

43. 人人把好安全关，处处设防漏洞少。

44. 安全是生命之本，违章是事故之源。

45. 安全生产挂嘴上，不如现场走几趟。

46. 十次隐患九次怠，思想麻痹事故来。

47. 安全花开把春报，生产效益节节高。

48. 安全生产严是爱，事故处理松是害。

49. 千里之堤，溃于蚁穴。生命之舟，覆于疏忽。

50. 磨刀不误砍柴功，安全教育不放松。

51. 千忙万忙，安全不忘。

52. 制度不全，事故难免。

53. 技术天天练，事故日日防。

54. 福自安全来，祸从违章生。

55. 上班一走神，事故敲你门。

56. 漫漫人生路，安全第一步。

57. 班前一杯酒，事故在招手。

58. 违章一闪念，事故一瞬间。

59. 作业防护好，安全跟着跑。

60. 人身安全千万天，事故就在一瞬间。

61. 安全生产勿侥幸，违章蛮干要人命。

62. 多一分安全预想，少一分事故威胁。

63. 安全红线不能碰，违章违纪不留情。

64. 事故隐患猛似虎，安全生产大如天。

65. 一站二看三通过，人身安全要牢记。

66. 心中记安全，脑中装安全，口中讲安全，行动保安全。

67. 违章不含糊，作业无事故；工作虽辛苦，家庭很幸福。

68. 执行不走样，安全有保障。

69. 自控互控加他控，劳动安全不成空。

70. 上班多一分责任，下班少一分担心；作业多一点认真，安全少一点隐患。

71. 安全编织幸福的花环,违章酿成悔恨的苦酒。

72. 安全就是节约,安全就是生命。

73. 安全不离口,规章不离手。

74. 安全人人抓,幸福千万家。安全两天敌,违章和麻痹。

75. 安全是职工的生命线,职工是安全的负责人。

76. 出门无牵挂,先把火源查。火灾不难防,重在守规章。

77. 一人把好方向盘,众人坐好平安车。

78. 电力安全行,隐患要除平。

79. 安全规范是个宝,想要安全离不了。

80. 莫因一时侥幸,导致一生不幸。

81. 安全规范是您生命的保护伞。

82. 生命诚可贵,安全价更高。

83. 生产再忙,安全不忘。

84. 浇好安全树,方开幸福花。

85. 遵章守纪一丝不苟,落实标准一点不差。

86. 人身安全要谨防,车辆下面莫乘凉。

87. 宁绕百步远,莫抢一步险。

88. 一日安全一日新,天天安全值万金。

89. 千条路、万条路,走好安全这条路。

90. 道路牵着你我他,安全系着千万家。

91. 家庭幸福心里装,不踩红线不违章。

92. 小小烟头隐患大,疏忽大意酿成灾。

93. 作业防护好,安全跟着跑。

94. 宁做安全"平凡人",莫做违章"英雄汉"。

95. 劳保用品穿戴好,遇险可把生命保。

96. 消防通道似血管,堵了通道全瘫痪。

97. 事故警钟时时敲，安全之弦紧紧绷。

98. 过马路时左右看，用家电时把插头辨，用火时要小心，做工作时要认真，平平安安过一生。

99. 不怕千日紧，只怕一时松。疾病从口入，事故由松出。

100. 安全来自警惕，事故出于麻痹。巧干带来安全，蛮干招来祸端。